7 et 8.me liv.d des planche

Histoire
des
plantes
—
5

Ŝ

EXPLICATION DES FIGURES.

PLANCHE I.

Iᵉʳᵉ FAMILLE.

LES ALGUES.

CRYPTOGAMIE. Les ALGUES. Linn.

IIᵉ FAMILLE.

LES FUCACÉES, ou THALASSIOPHYTES.

CRYPTOGAMIE. Les ALGUES. Linn.

FIGURE 1.

Conferve hispide.

Conferva hispida. Thore.

FIGURE 2.

Byssus velouté.
Byssus velutina.
A. Individus en masse sur la terre.
B. Individus séparés.

FIGURE 3.

Ulve comprimée.

Ulva compressa. Linn.

FIGURE 4.

Varech nageant.
Fucus natans. Linn.

PLANCHE II.

IIIᵉ FAMILLE.

LES CHAMPIGNONS.

CRYPTOGAMIE. Les CHAMPIGNONS. Linn.

FIGURE 1.

Clathre grillée.
Clathrus cancellatus. Linn.

A. Jeune individu renfermé dans sa coiffe.

*

B. Coiffe du même, ouverte et bifide.

C. Individu développé, sortant de sa coiffe.

D. Portion du même, montrant les pores seminifères.

IVe FAMILLE.

LES LYCOPERDIACÉES.

CRYPTOGAMIE. Les CHAMPIGNONS. Linn.

FIGURE 2.

Lycoperdon hérissé.

Lycoperdon hirtum. Linn.

A. Jeune individu.

B. Le même, plus vieux, de grandeur naturelle, répandant ses semences.

PLANCHE III.

Ve FAMILLE.

LES HYPOXYLÉES.

CRYPTOGAMIE. Les CHAMPIGNONS. Linn.

FIGURE I.

Hypoxylon digité.

Hypoxylon digitatum.

A. Plante entière, de grandeur naturelle.

B. Sommet d'un rameau grossi, avec la vue des semences.

VIe FAMILLE.

LES LICHENS.

CRYPTOGAMIE. Les ALGUES. Linn.

FIGURE 2.

Lichen d'Islande.

Lichen islandicus. Linn.

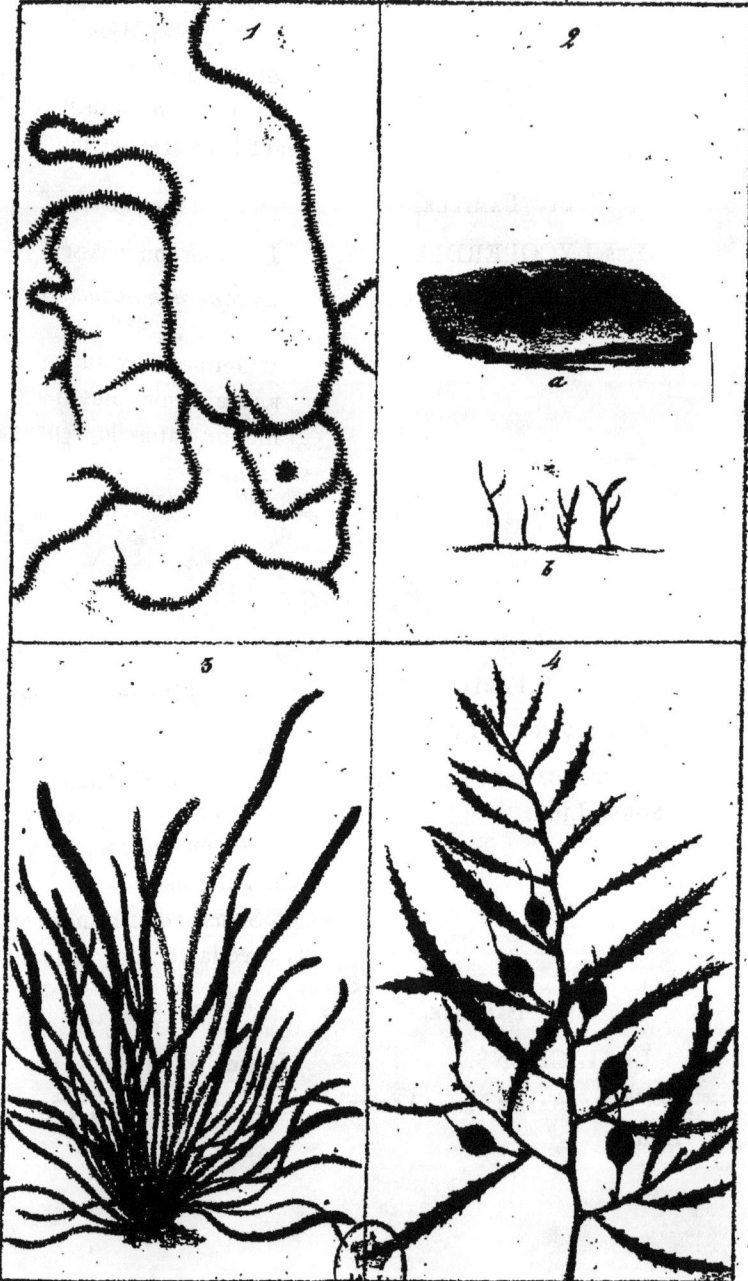

Pl. 1.

A. P. del.   Litho de G. Motte

1. Conferve hispide, 2. Byssus velouté, 3. Ulve comprimée, 4.
Varech nageant.

Pl. 2.

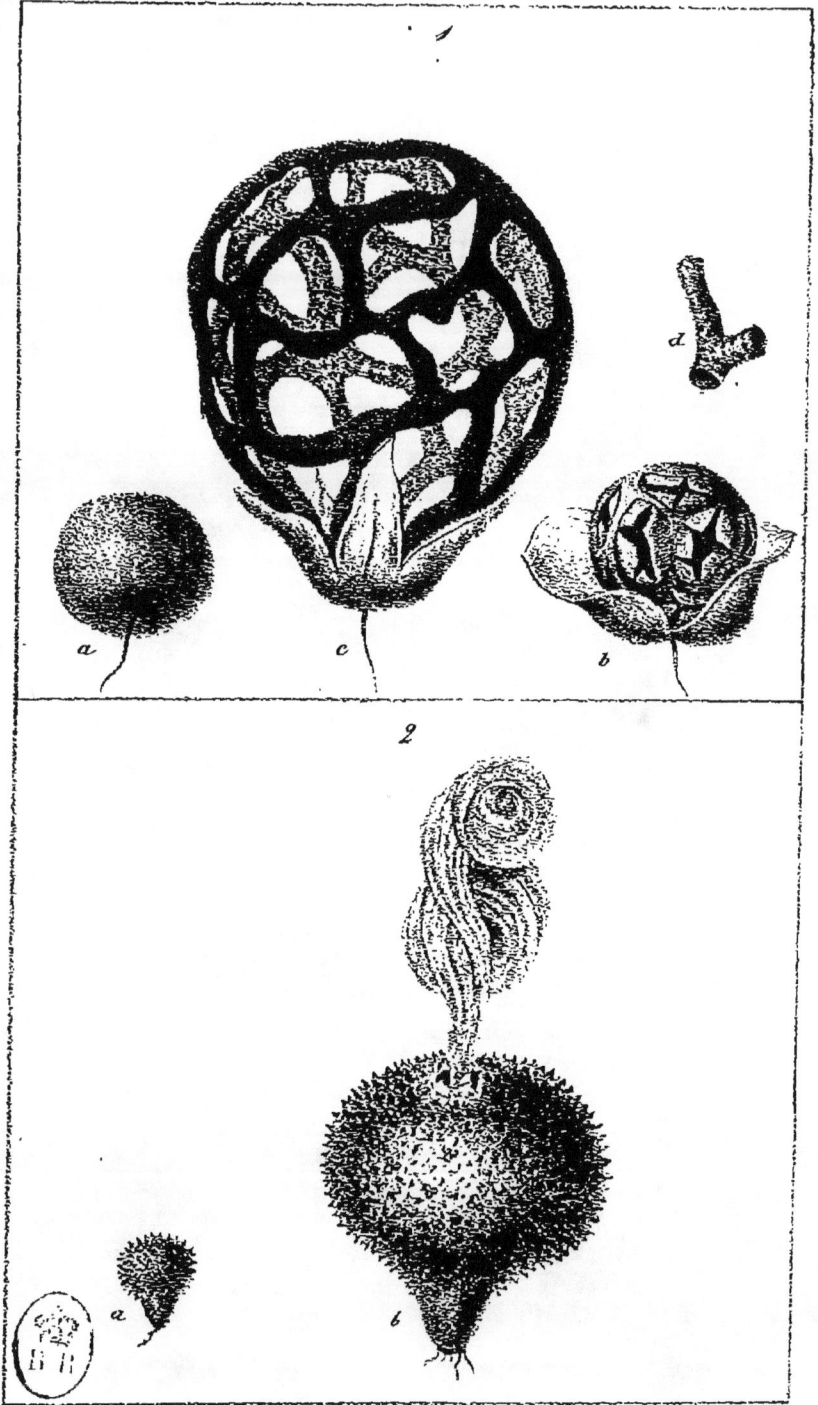

1. Clathre grille. 2. Lycoperdon hérissé.

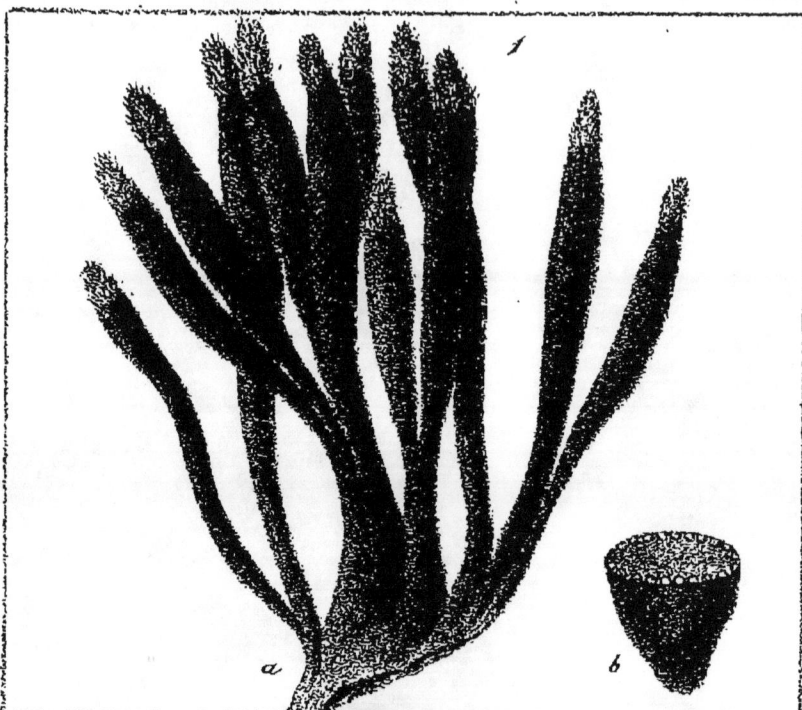

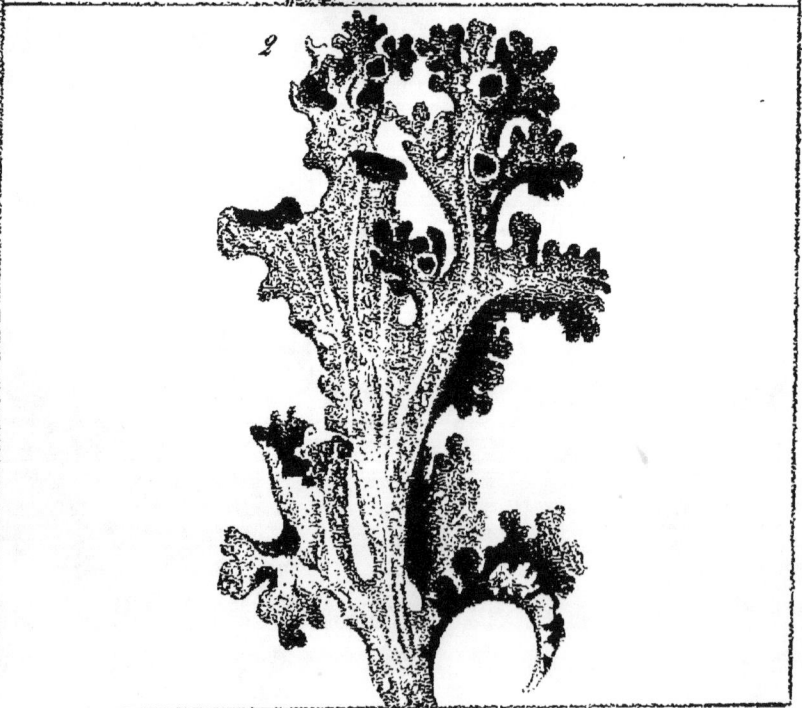

litho de l Motte.

1. Hypoxylon digité. 2. Lichen d'Islande.

PLANCHE IV.

VIIe FAMILLE.

FIGURE 1.

LES HÉPATIQUES.

Hépatique en ombelle.

CRYPTOGAMIE. Les ALGUES. Linn.

Marchantia umbellata. Encycl.

VIIIe FAMILLE.

FIGURE 2.

LES MOUSSES.

Bry strié.

CRYPTOGAMIE. Les MOUSSES. Linn.

Bryum striatum. Linn.

A. Plante entière. *Var.* α. Linn.
B. Feuille séparée.
C. Urne munie de sa coiffe.
D. Urne privée de sa coiffe.
E. Coiffe séparée.
F. Variété. γ. Linn.
G. Rameau séparé.
H. Feuille séparée.

PLANCHE V.

IXe FAMILLE.

FIGURE 1.

LES LYCOPODIACÉES.

Lycopode à massue.

CRYPTOGAMIE. Les MOUSSES. Linn.

Lycopodium clavatum. Linn.

Xe FAMILLE.

FIGURE 2.

LES RHIZOSPERMES, ou SALVINIÉES.

Pilulaire à globules.

CRYPTOGAMIE. Les FOUGÈRES. Linn.

Pilularia globulifera. Linn.

PLANCHE VI.

XIe FAMILLE.

LES ÉQUISÉTACÉES.   Prêle des bourbiers.

CRYPTOGAMIE. Les FOUGÈ- *Equisetum limosum.* Linn.
RES. Linn.

  A. Filets élastiques déroulés.
  B. Les mêmes, roulés en spi-
rale.

PLANCHE VII.

XIIe FAMILLE.

LES FOUGÈRES.   Polypode commun.

CRYPTOGAMIE. Les FOUGÈ- *Polypodium vulgare.* Linn.
RES. Linn.

  A. Capsules grossies, dispo-
sées en paquets arrondis sur
les feuilles.
  B. Une capsule grossie.
  C. La même, s'ouvrant avec
élasticité, d'où s'échappent les
séminules.

PLANCHE VIII.

SUITE DE LA XIIe FAMILLE.

   Adianthe réniforme.

CRYPTOGAMIE. Les FOUGÈ- *Adianthum reniforme.* Linn.
RES. Linn.

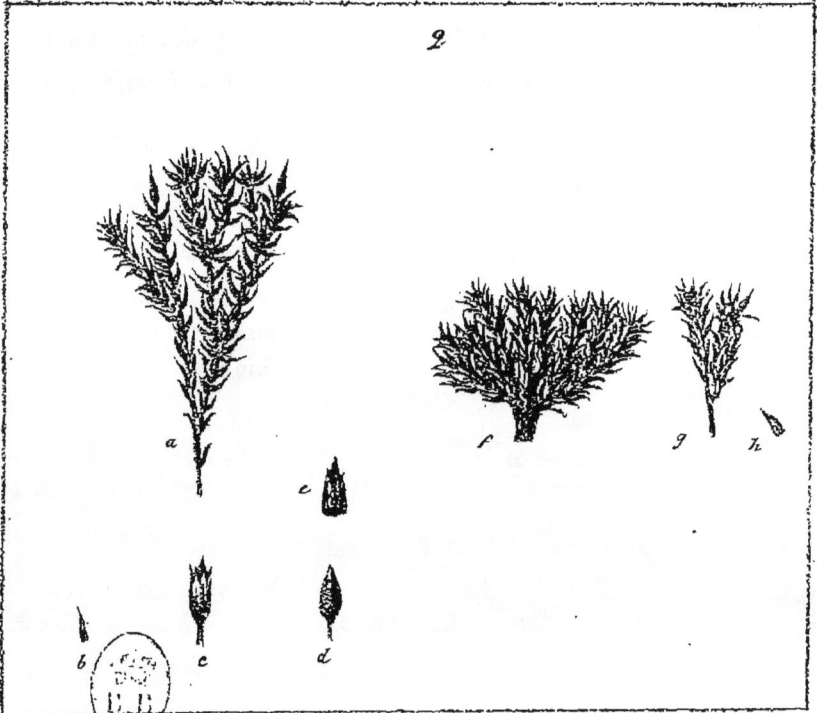

Pl. 14

A.P. del.

litho de C. Motte

1. *Hépatique en ombelle*, 2. *Bry strié*.

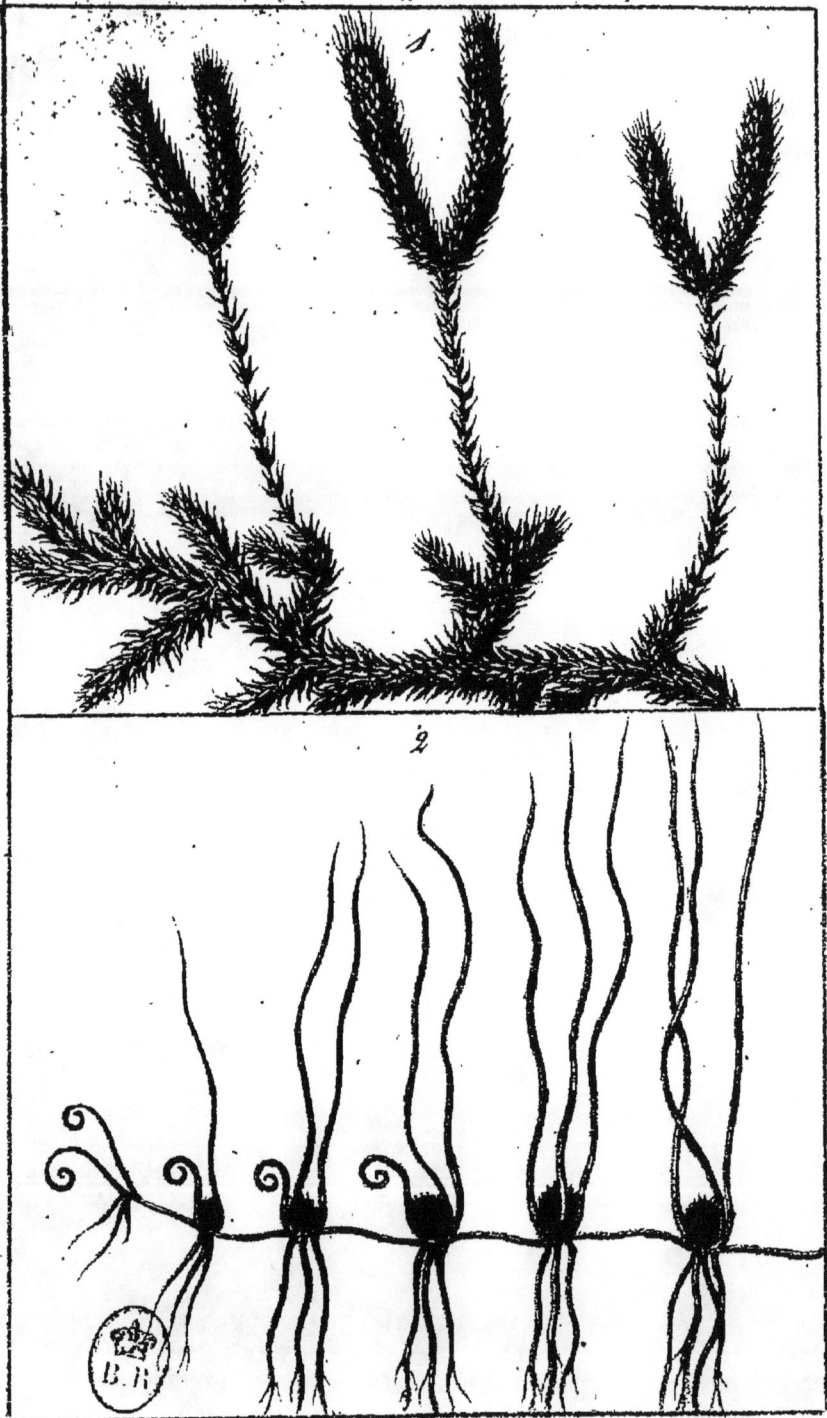

Pl. 5.

A.P. del. *Litho. de C. Motte.*

1. Lycopode à massue, 2. Pilulaire à globules.

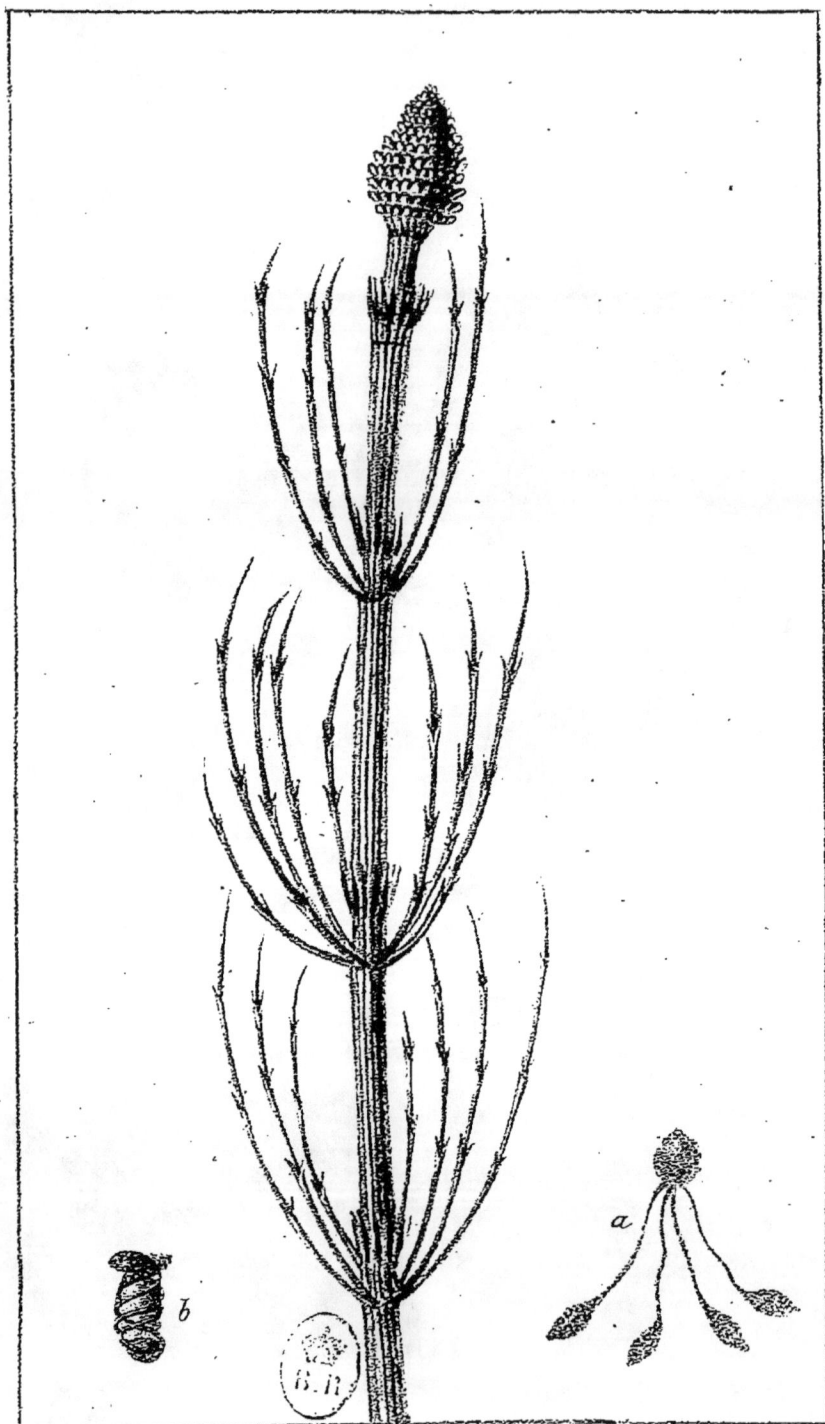

a

b

A.P. del.

Lith. de C. Motte.

Prêle des tourbiers.

Pl. 7.

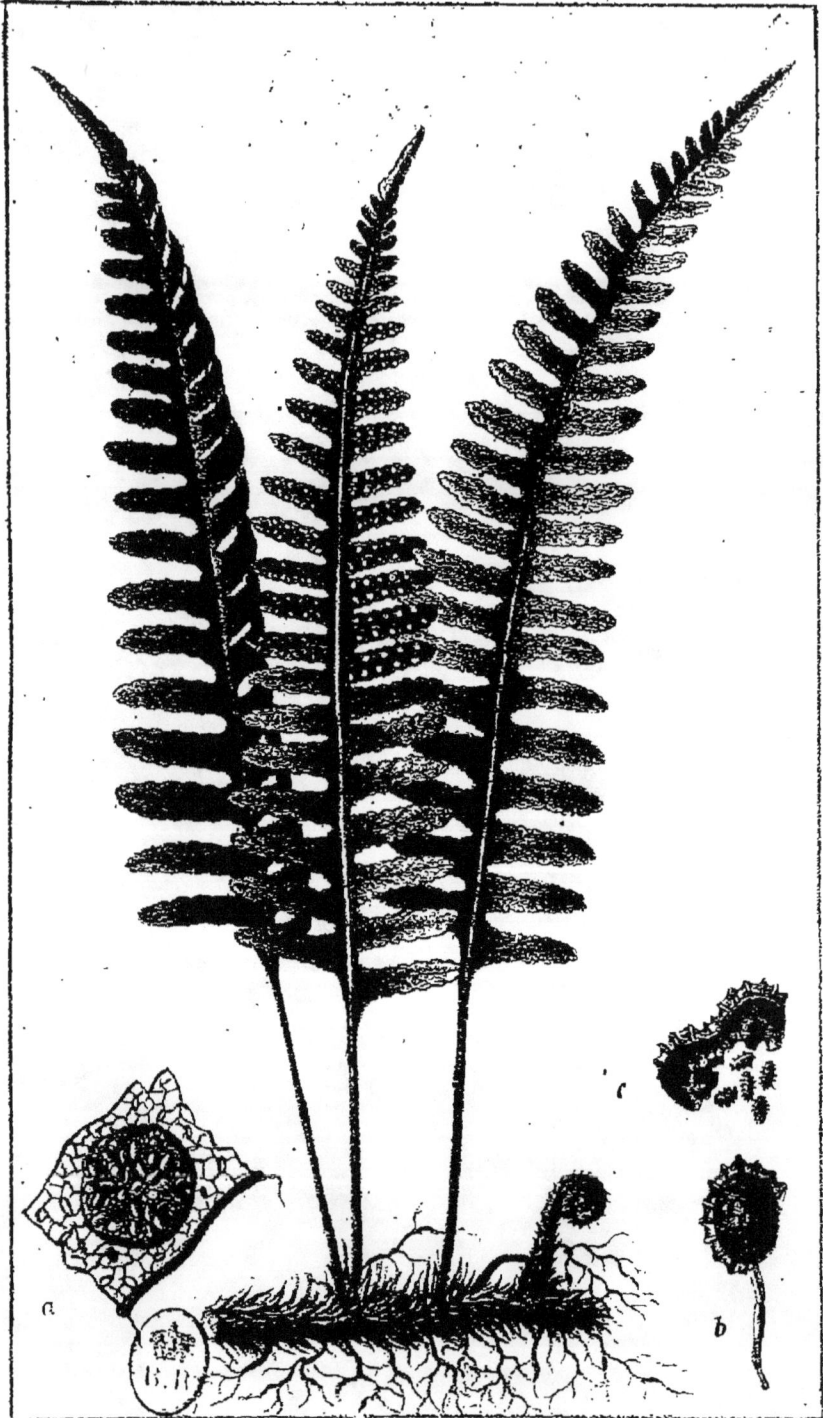

A.P. del:

Litho: de C. Motte.

Polypode commun.

Pl. 8.

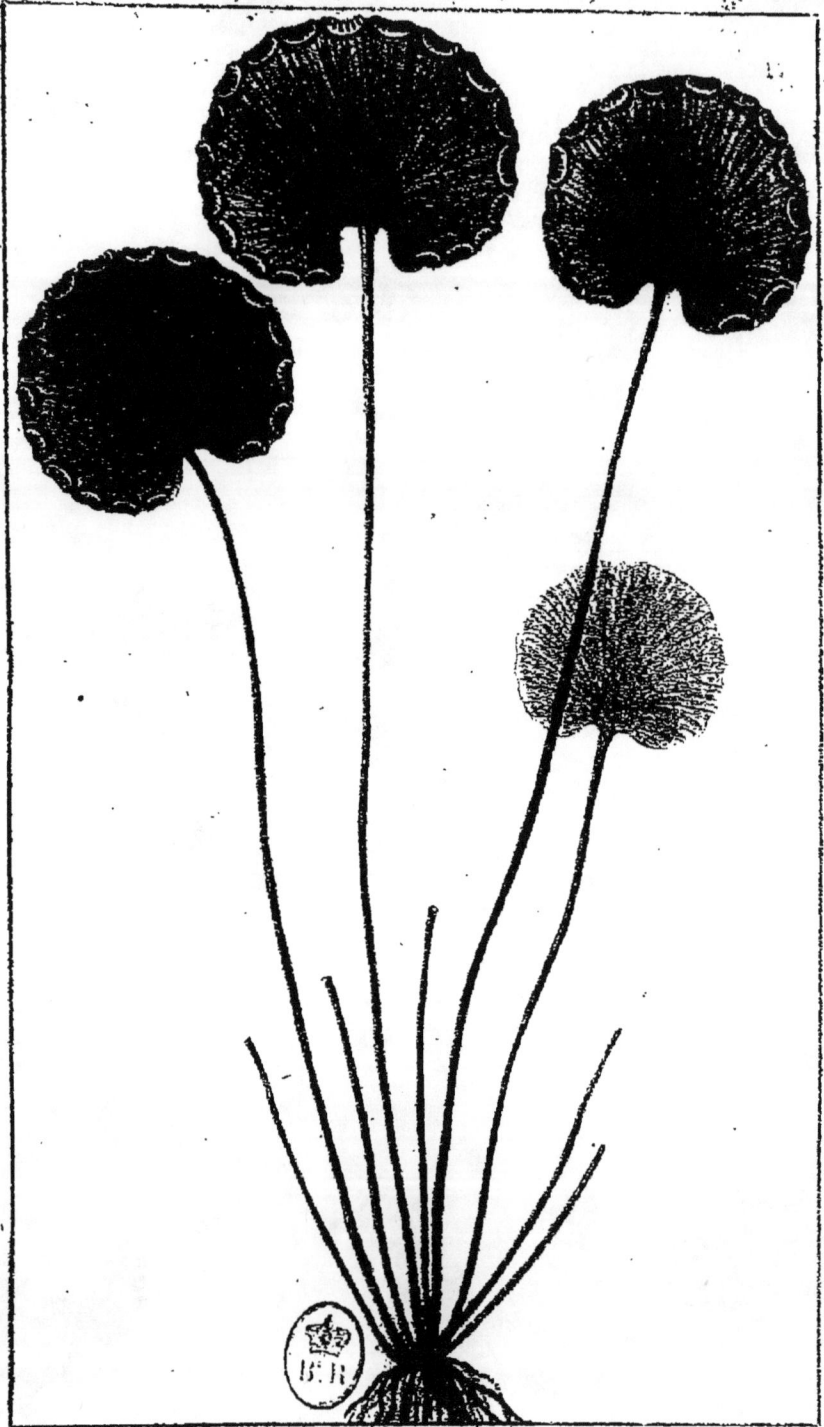

A.P. del.

Litho. de C. Motte.

Adianthe réniforme.

PLANCHE IX.

XIIIe FAMILLE.

LES NAIADES.

, TÉTRANDRIE. TÉTRAGYMIE.
Linn.

Ruppie maritime.

Ruppia maritima. Linn.

A. Épi fleuri.
B. Fleur ouverte et grossie.
C. Calice séparé.
D. Étamines.
E. Ovaires.
F. Semence séparée et gros-
sie.

PLANCHE X.

XIVe FAMILLE.

LES ALISMACÉES.

ENNÉANDRIE HEXAGYNIE.
Linn.

Butome à ombelles.

Butomus umbellatus. Linn.

A. Fleur entière, de gran-
deur naturelle.
B. Pistils séparés.
C. Capsules.
D. Les mêmes, coupées trans-
versalement.
E. Une capsule séparée.
F. Une semence grossie.
G. La même, coupée dans sa
longueur.
H. Portion d'une feuille.

PLANCHE XI.

XVe FAMILLE.

LES HYDROCHARIDÉES. Nénuphar blanc.

POLYANDRIE MONOGYNIE. *Nymphœa alba.* Linn.
Linn.

A. Pistil avec le stigmate ra-
dié et quelques étamines.

B. Fruit.

C. Le même, coupé transversalement.

D. Semence de grandeur naturelle.

E. La même, grossie.

Nota. La XVIe famille, les TYPHINÉES, oubliée par erreur, se trou-
vera dans la prochaine livraison.

PLANCHE XII.

XVIIe FAMILLE.

LES AROIDES. Arum maculé.

GYNANDRIE POLYANDRIE. *Arum maculatum.* Linn.
Linn.

A. Spadice privé de sa spathe.

B. Ovaire séparé et grossi.

C. Le même, coupé dans sa
longueur.

D. Anthère séparée.

E. Fruit mûr.

F. Le même, coupé verticalement.

G. Semence.

H. La même, coupée dans sa
longueur.

I. Embryon détaché.

Pl. 9.

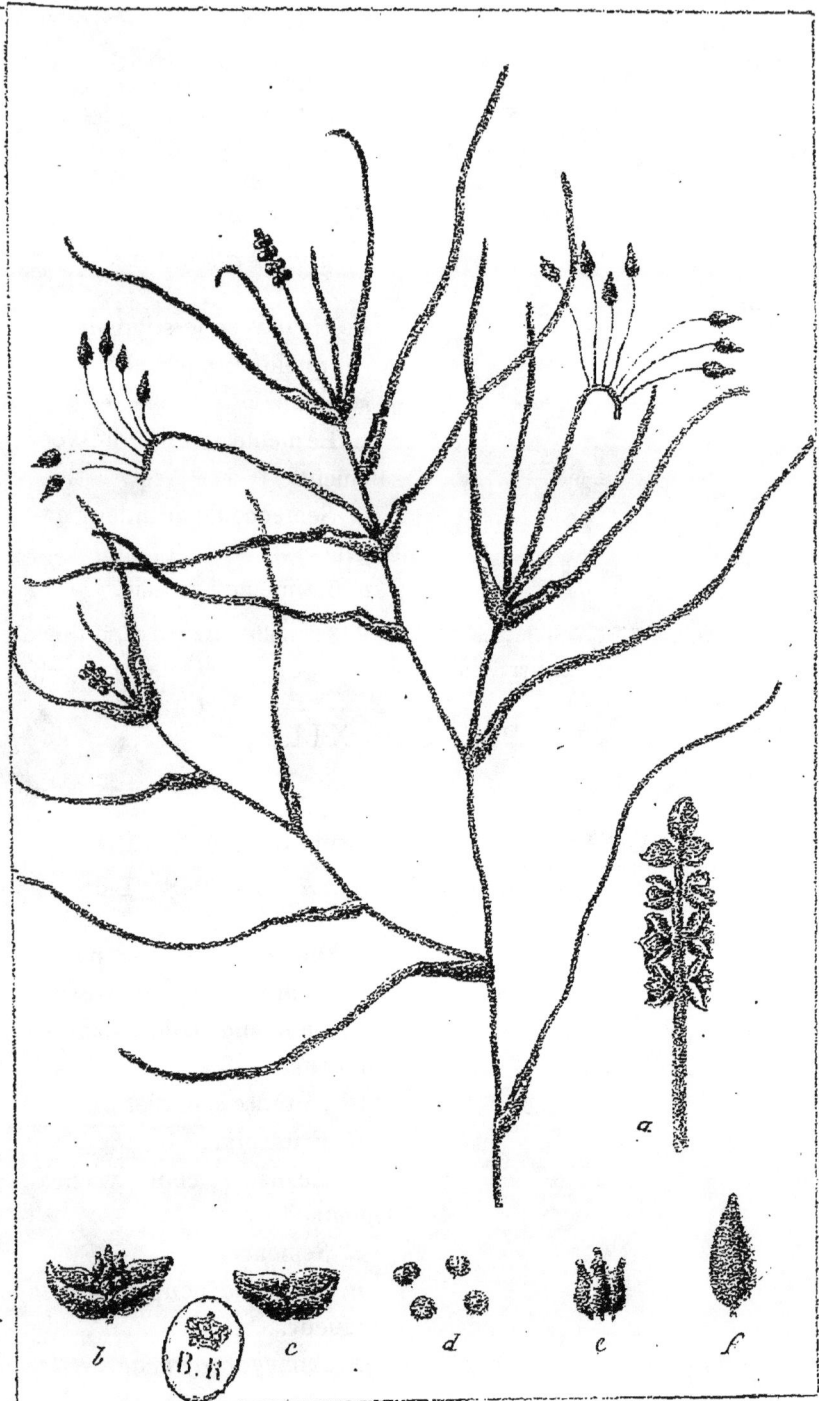

A.P. del.

Litho: de C. Motte.

Ruppie maritime.

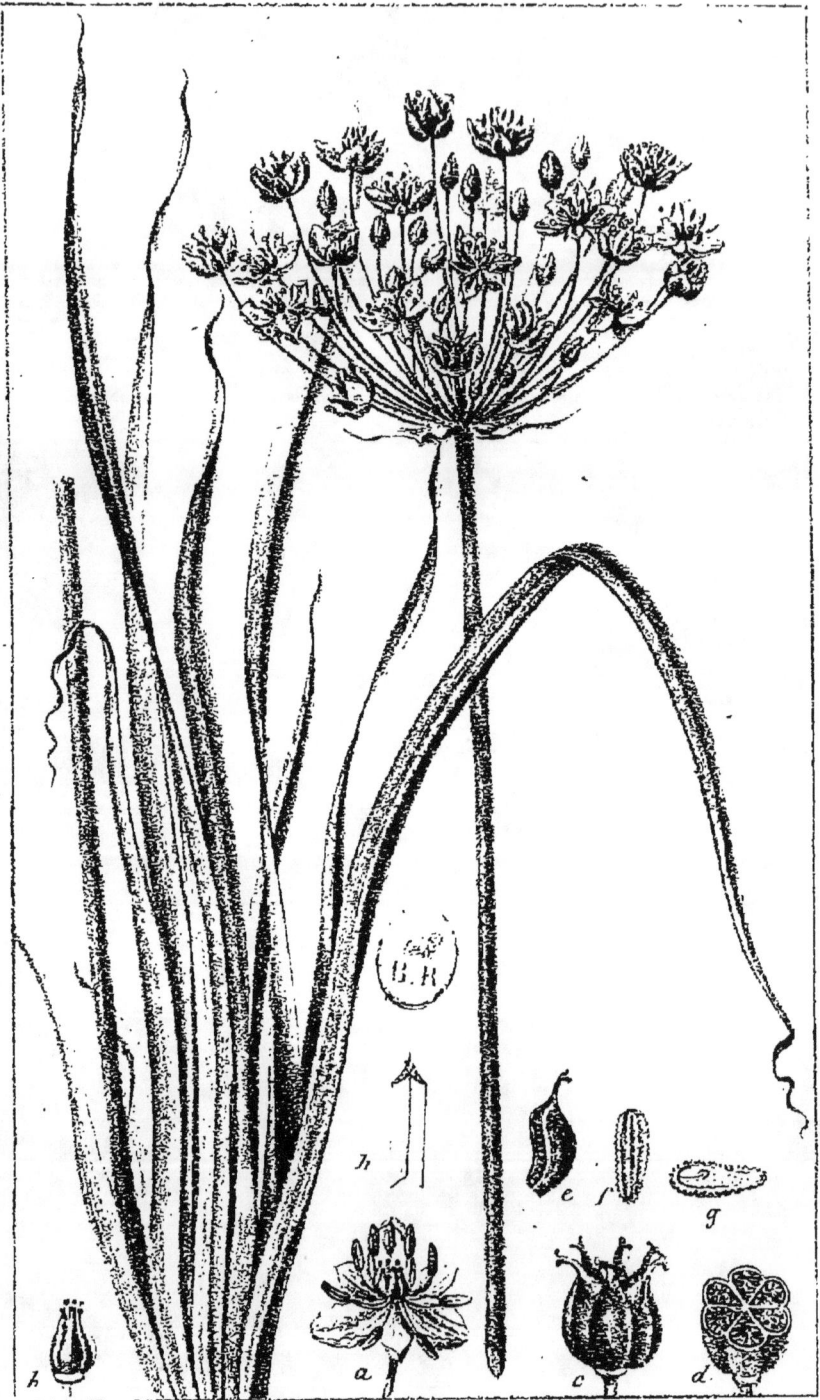

Busome à ombelle.

A.P. del.

Litho de C. Motte.

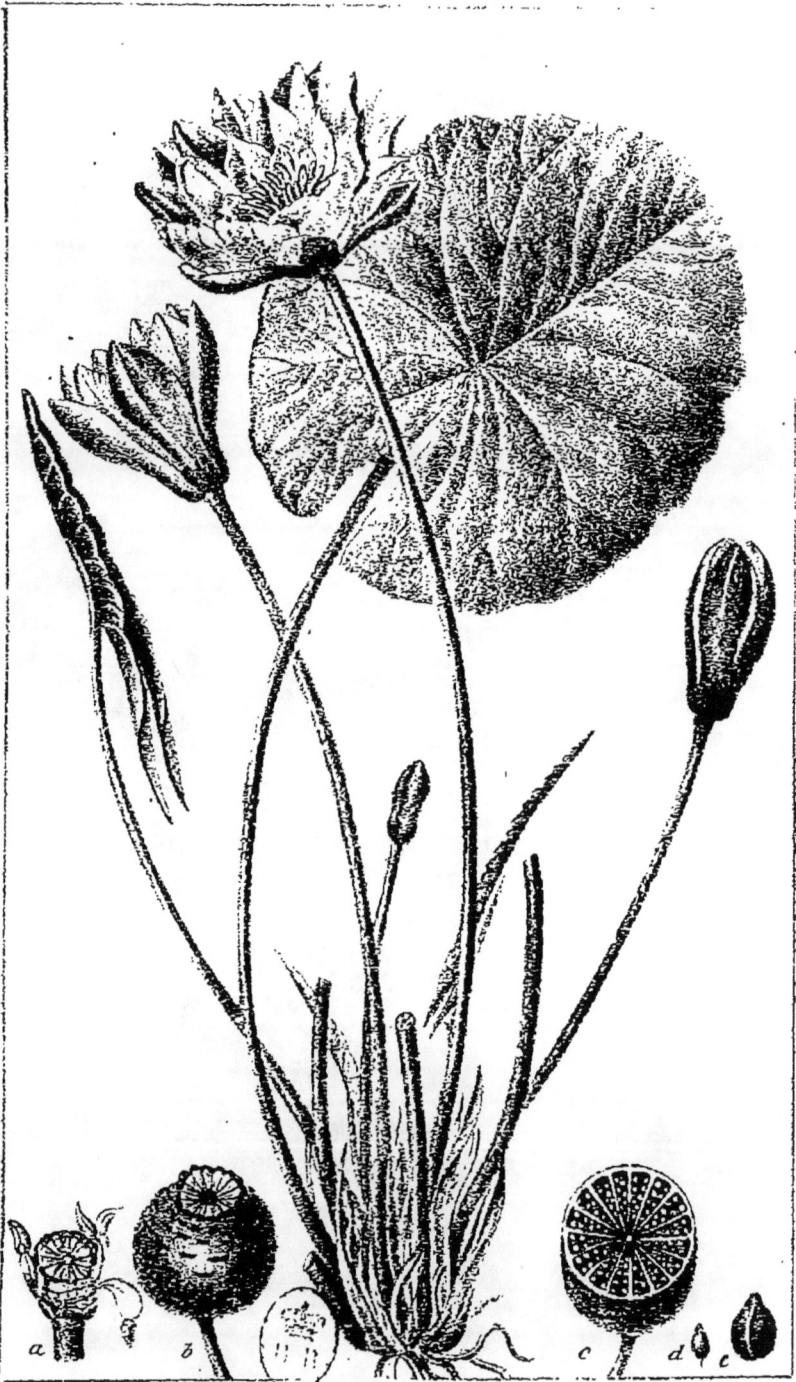

14.11

a   b   c   d   e

A.P. del.   Litho de C. Motte

Nénuphar blanc.

A.L. del.

Arum maculé.

PLANCHE XIII.

XVIIIᵉ FAMILLE.

LES CYPÉRACÉES.

TRIANDRIE MONOGYNIE. Linn.

FIGURE I.

Linaigrette à plusieurs épis.
Eriophorum polystachion. Linn.

A. Épillet séparé.

B. Fleur entière séparée, ou-verte.

C. D. Écaille de la fleur et du fruit.

E. F. Semence séparée.

G. Semence environnée de poils.

FIGURE 2.

Souchet jaunâtre.

TRIANDRIE MONOGYNIE. Linn.

Cyperus flavescens. Linn.

A. Épillet séparé.

B. Fleur entière, ouverte.

PLANCHE XIV.

XIXᵉ FAMILLE.

LES GRAMINÉES.

TRIANDRIE DIGYNIE. Lin.

Canamelle officinale.
Canne à sucre.

Saccharum officinarum. Lin.

A. Rameau de la panicule.

B. Fleur entière, grossie.

C. La même, ouverte.

D. Portion de la tige.

Planche XV.

Suite de la XIXe Famille.

Les GRAMINÉES.

Triandrie digynie. Linn.

Ivraie vivace.

Lolium perenne. Linn.

A. Épillet ouvert.

B. Fleur entière ouverte.

C. Pistil entier, grossi.

Planche XVI.

Suite de la XIXe Famille.

Les GRAMINÉES.

Hexandrie digynie. Linn.

Riz cultivé.

Oryza sativa. Linn.

A. Fleur entière ouverte.

B. Fruit séparé.

Pl. 13.

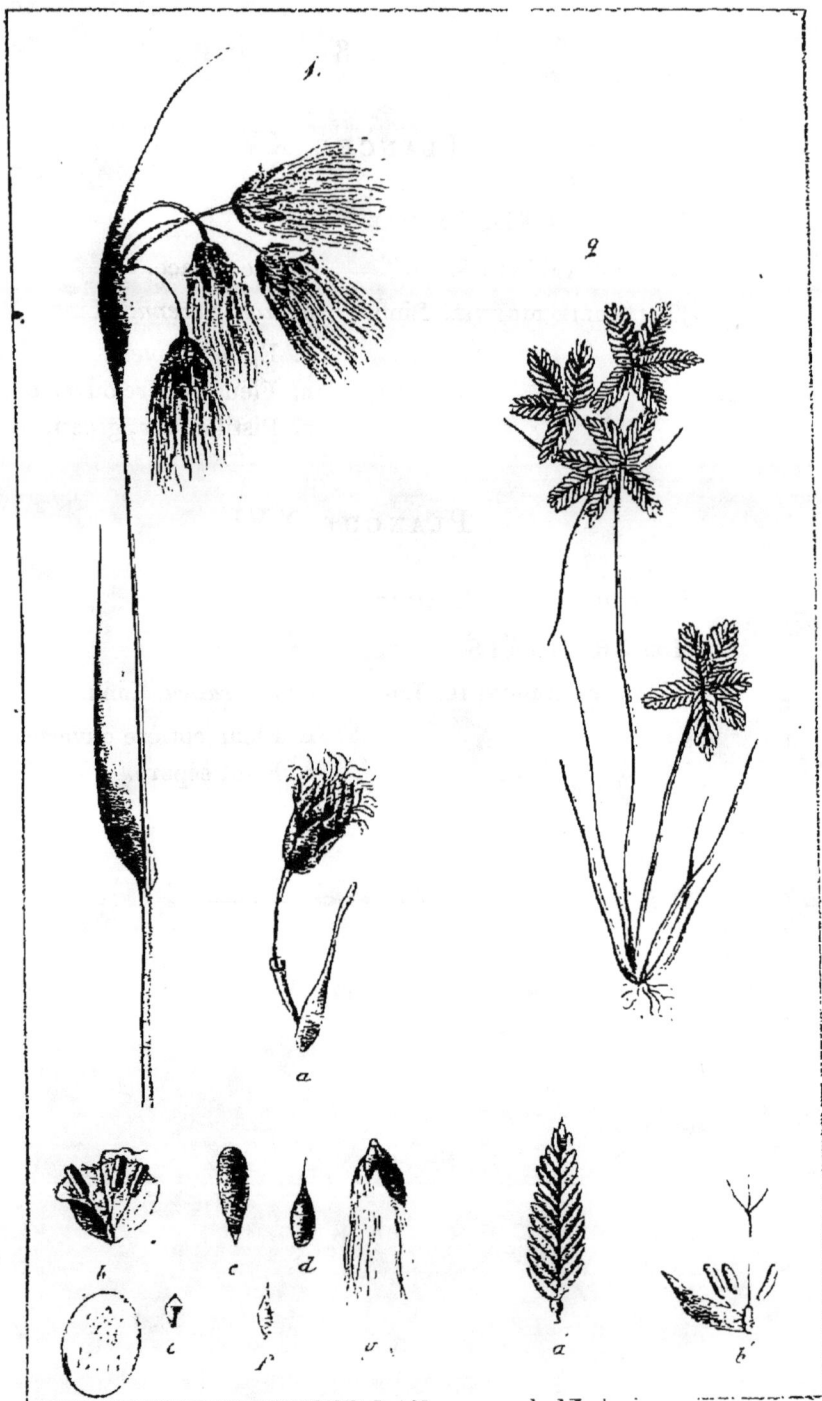

1. Linaigrette à plusieurs épis. 2. Souchet jaunâtre.

Pl. 14.

A.P. del.

Lith. de C. Motte.

Canamelle officinale. Canne à sucre.

a

b

c

A.P. del.

Litho de C. Motte.

Ivraie vivace.

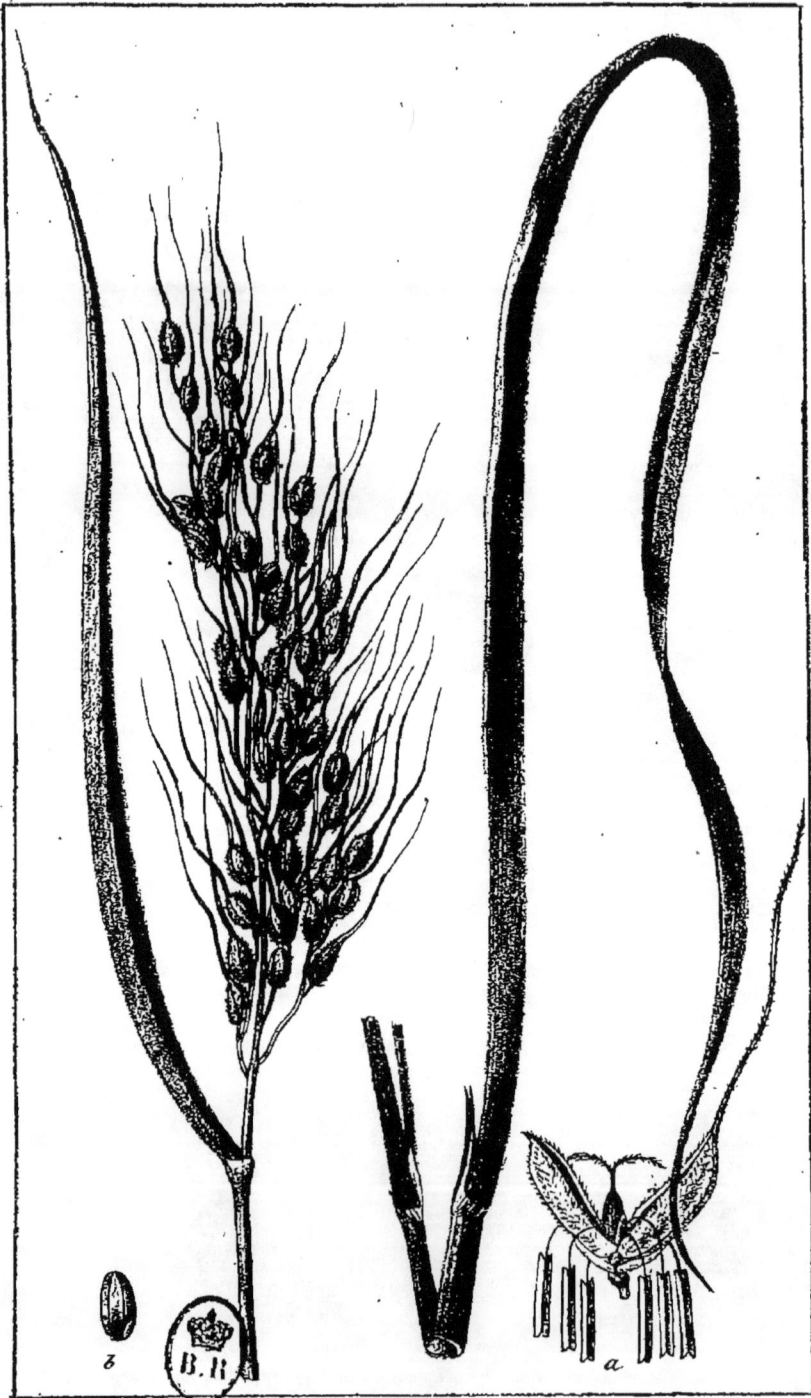

Pl. 16.

A.P. del.

Litho. de C. Motte.

Riz cultivé.

EXPLICATION DES FIGURES.

PLANCHE XVI *bis.*

XVIe FAMILLE.

(Elle doit être placée après la planche XI.)

LES TYPHINÉES.

MONOECIE TRIANDRIE. Linn.

FIGURE I.

Rubaneau rameux.

Sparganium ramosum. Fl. fr.
— *erectum.* Linn.

A. Fleur mâle.

B. Fleur femelle.

c. Chaton femelle.

D. Un fruit coupé dans sa longueur.

E. Le même coupé transversalement.

F. Semence séparée.

G. Périsperme avec la position de l'embryon.

H. Embryon séparé.

PLANCHE XVII.

XXe FAMILLE.

LES PALMIERS.

DIOECIE HEXANDRIE. Linn.

FIGURE I.

Dattier commun.

Phœnix dactylifera. Linn.

A. Portion d'un rameau chargé de fleurs mâles.

B. Autre rameau portant des fleurs femelles.

c. Fleur mâle.

D. Étamine séparée.

*

E. Fleur femelle.

F. Les trois pistils grossis.

G. Fruit entier.

H. Le même coupé dans sa longueur.

PLANCHE XVIII.

XXIᵉ FAMILLE.	FIGURE I.

LES JONCÉES.

HEXANDRIE MONOGYNIE. Linn.

Aphyllanthe de Montpellier.

Aphyllantes monspeliensis. Linn.

A. Fleur séparée.

B. La même ouverte avec les étamines.

C. Fruit surmonté du style.

D. Le même coupé trans-versalement.

E. Semences.

PLANCHE XIX.

XXIIᵉ FAMILLE.

LES ASPARAGINÉES.

OCTANDRIE TÉTRAGYNIE. Linn.

FIGURE I.

Parisette à quatre feuilles.

Paris quadrifolia. Linn.

A. Fleur entière ouverte.

B. Pétale séparé.

C. Étamine séparée.

D. Calice renfermant l'ovaire et les styles.

E. Fruit séparé.

F. Le même ouvert trans-versalement.

G. Semences séparées.

Pl. 16 (bis).

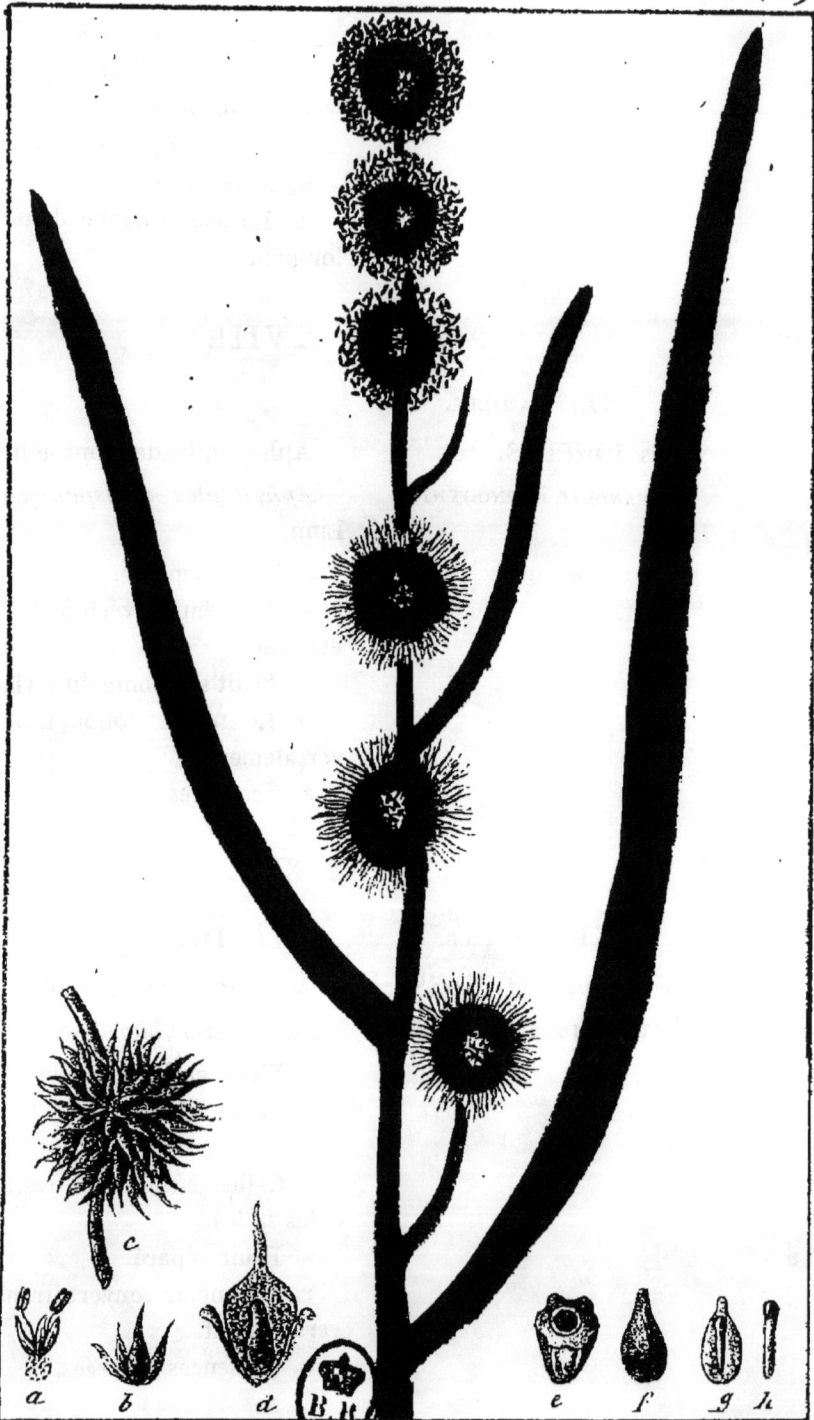

a   *b*   *c*   *d*   B.N.   *e*   *f*   *g*   *h*

A.P. del.   Litho. de C. Motte.

Rubaneau rameux.

Pl. 17.

B. R

Dattier commun.

Pl. 18.

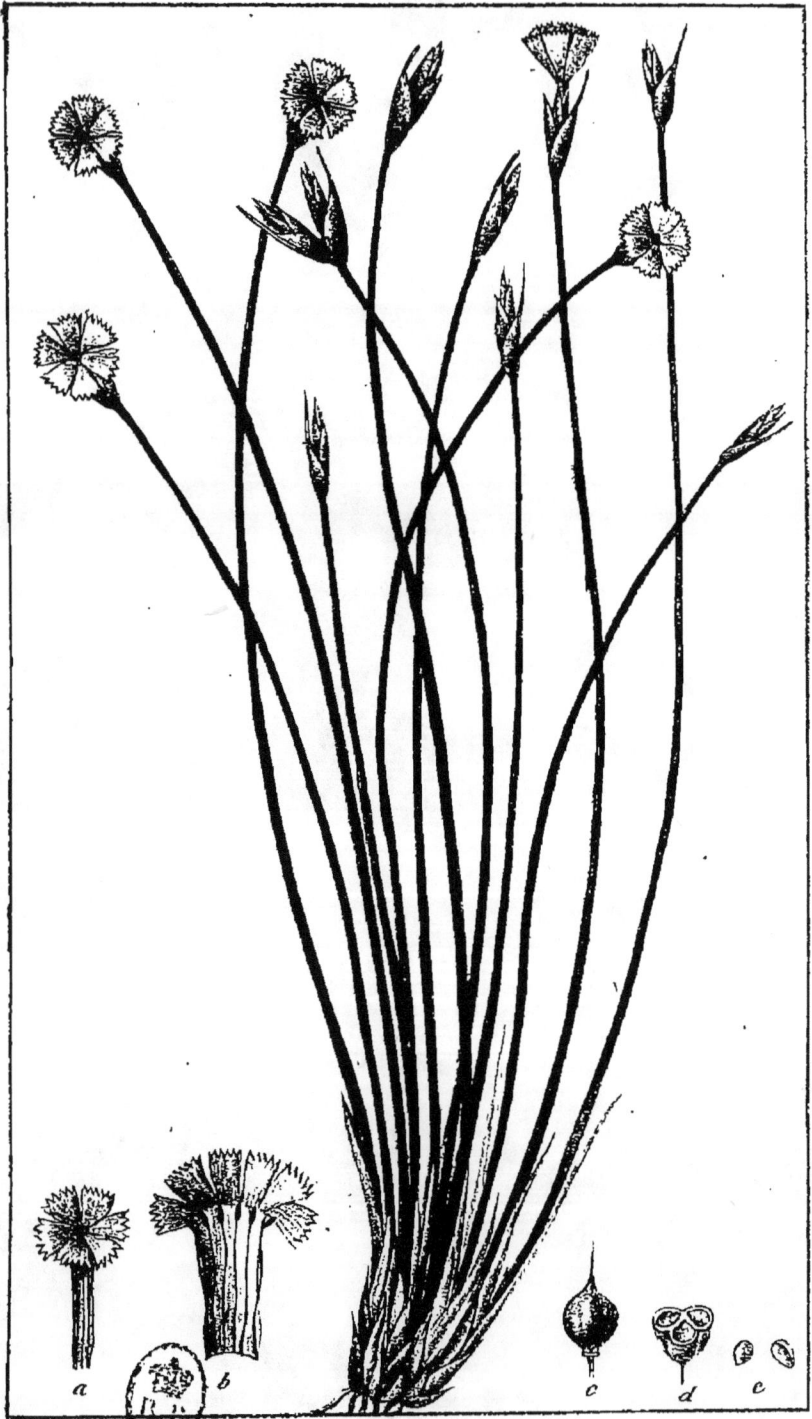

a   b   c   d   e

A. P. del.

Lith: de C: Motte.

Aphyllanthe de Montpellier.

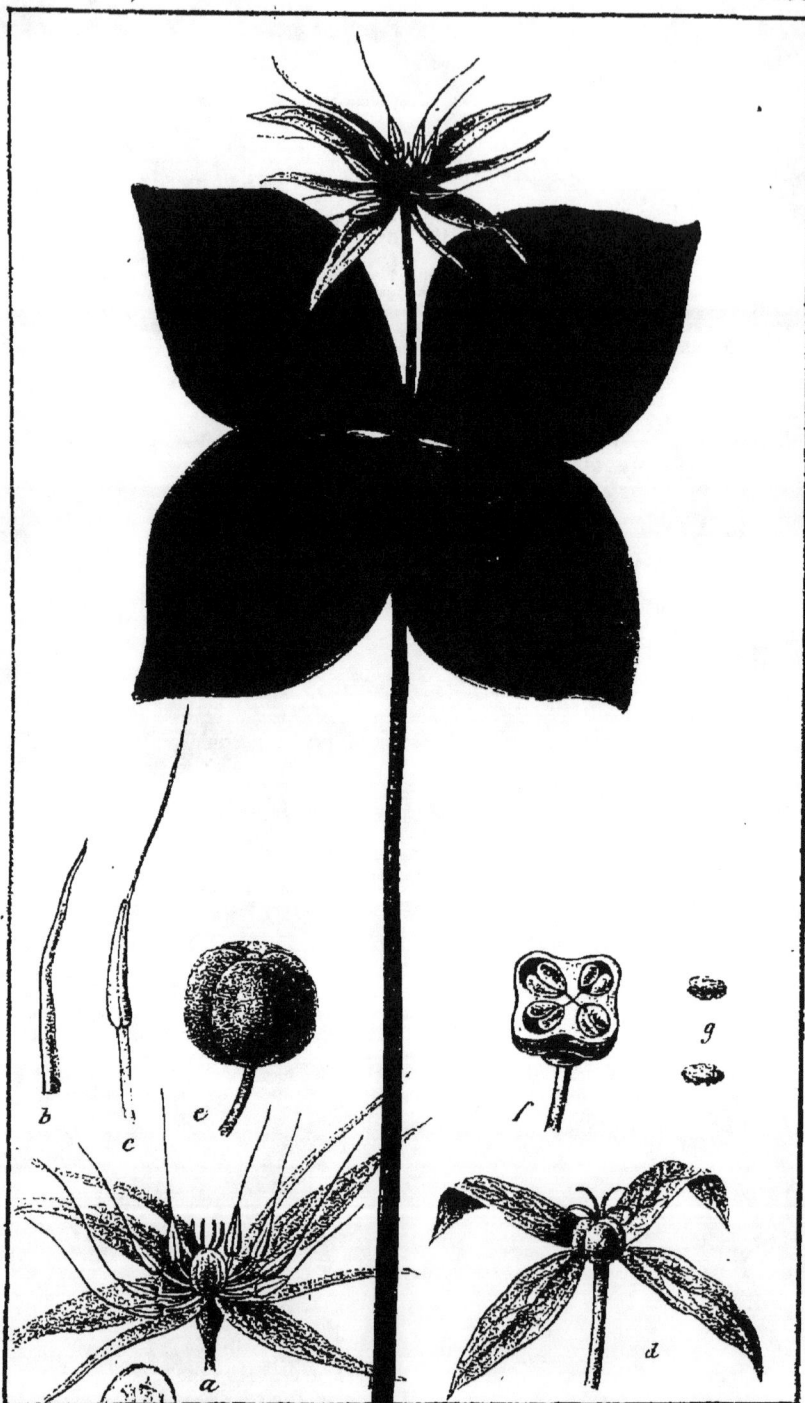

Pl. 19.

A.P. del.

Litho: de C. Motte.

Parisette à quatre feuilles.

PLANCHE XX.

XXIIIe FAMILLE.

LES COLCHICÉES.

HEXANDRIE TRIGYNIE. Linn.

FIGURE I.

Colchique de montagne.

Colchicum montanum. Linn.

A. Fleur entière ouverte avec la position des étamines.

B. C. Étamines séparées.

D. Ovaire surmonté de trois styles.

PLANCHE XXI.

XXIVe FAMILLE.

LES LILIACÉES.

HEXANDRIE MONOGYNIE. Linn.

FIGURE I.

Érythrone dent de chien.

Erythronium dens canis. Linn.

A. Une des divisions de la corolle avec une étamine.

B. Ovaire surmonté d'un style avec trois stigmates.

PLANCHE XXII.

XXIVe FAMILLE.

LES LILIACÉES.

HEXANDRIE MONOGYNIE. Linn.

FIGURE I.

Tulipe des jardins.

Tulipa gesneriana. Linn.

A. Étamine séparée.

B. Ovaire couronné par les trois stigmates.

Planche XXIII.

XXIVe Famille.

LES LILIACÉES.

HEXANDRIE MONOGYNIE.
Linn.

FIGURE I.

Fritillaire pintade.
Fritillaria meleagris. Linn.
A. Organes sexuels séparés.

Planche XXIV.

XXIVe Famille.

LES LILIACÉES.

HEXANDRIE MONOGYNIE.
Linn.

FIGURE I.

Ornithogale fistuleux.
Ornithogalum fistulosum.
Linn.

A. Feuilles radicales.
B. Feuille entière ouverte.
C. Ovaire surmonté du style.

Planche XXV.

XXIVe Famille.

LES LILIACÉES.

HEXANDRIE MONOGYNIE.
Linn.

FIGURE I.

Ail rose.
Allium roseum. Linn.

Planche XXVI.

XXIVe Famille.

LES LILIACÉES.

HEXANDRIE MONOGYNIE.
Linn.

FIGURE I.

Jacinthe. Muscari à grappes.
Hyacinthus racemosus. Linn.
A. Capsule.
B. Les trois valves ouvertes.
C. Semences séparées.

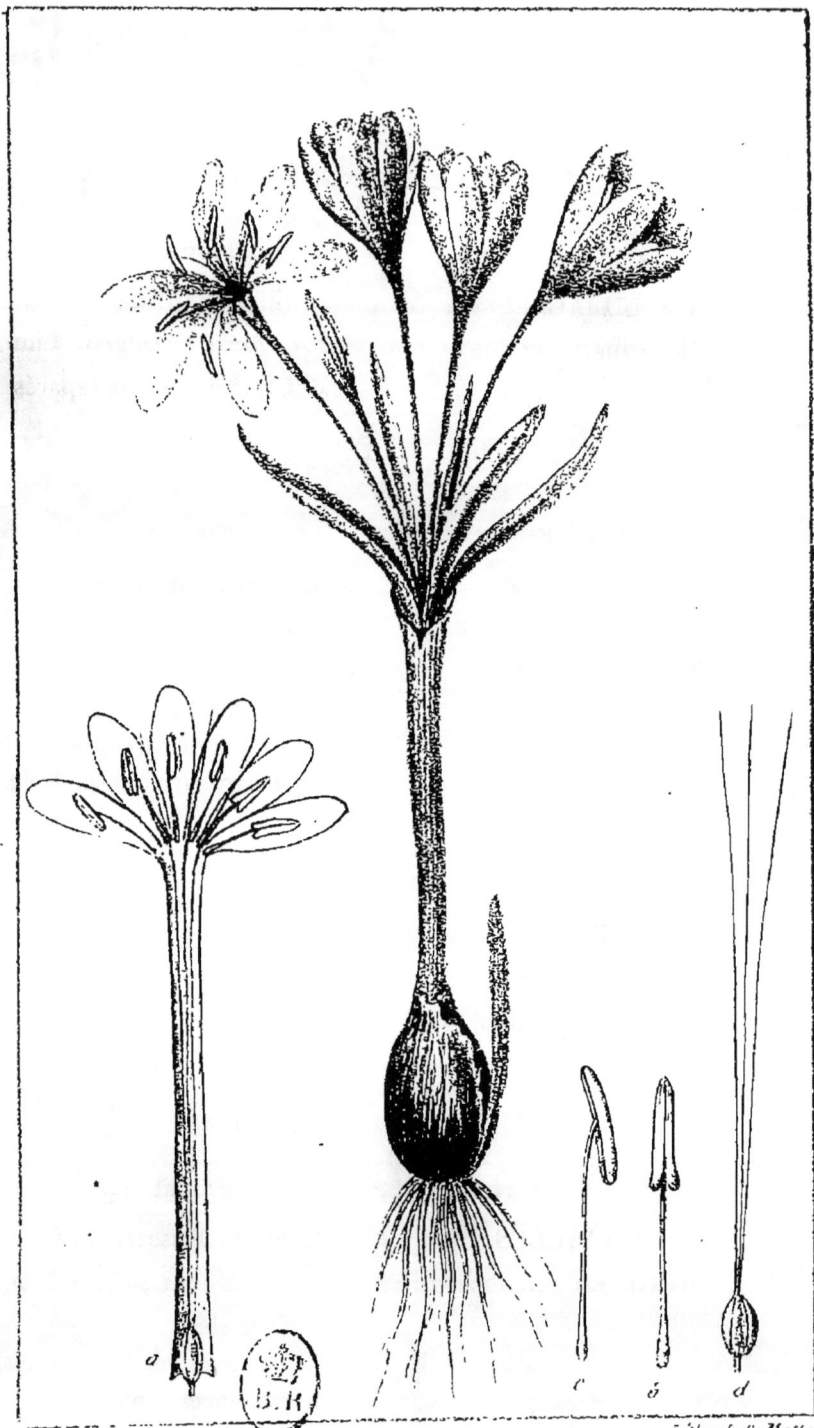

Colchique de Montagne

Pl. 31.

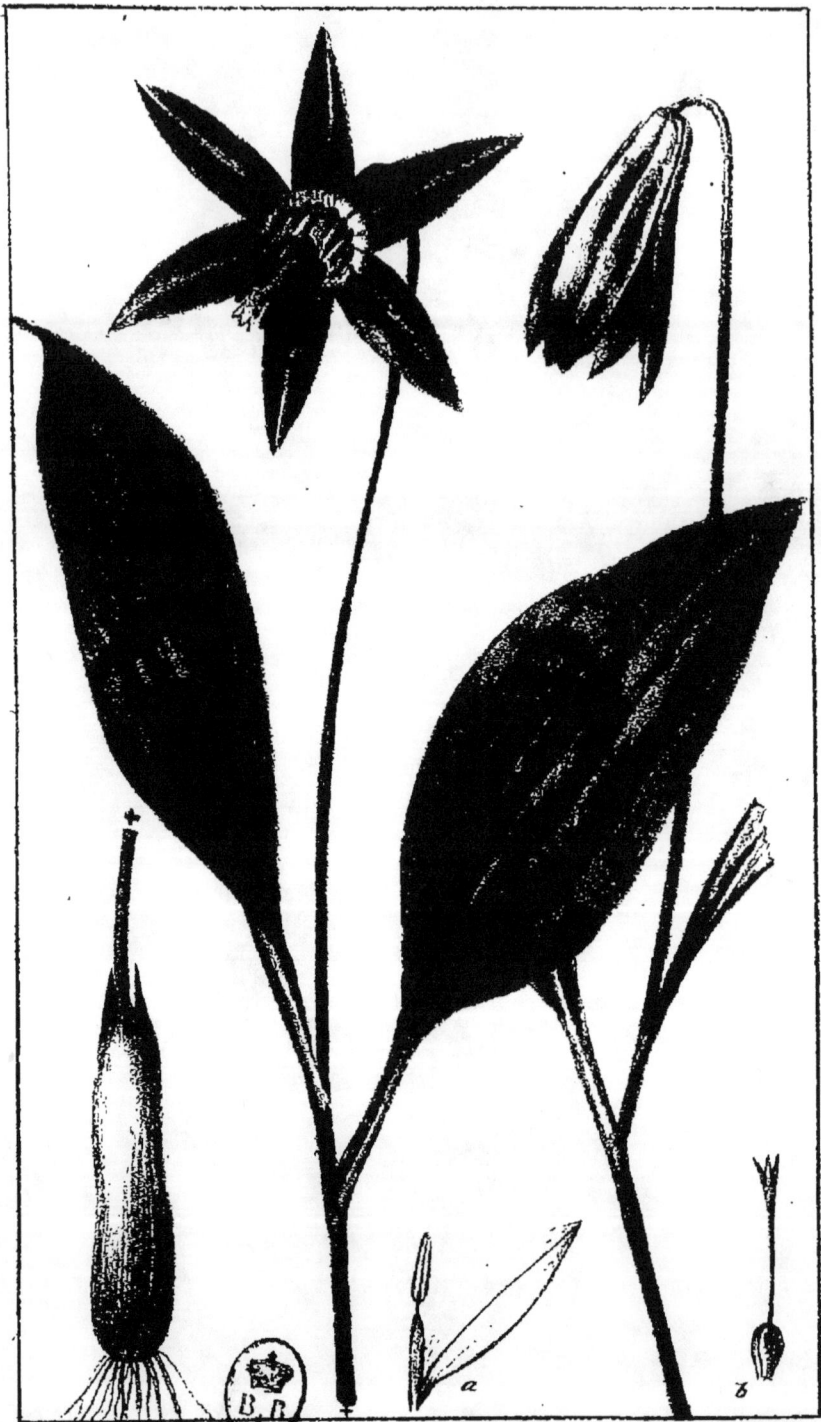

A. P. del.

Litho. de C. Motte.

Erythrone dent de chien.

Pl. 22.

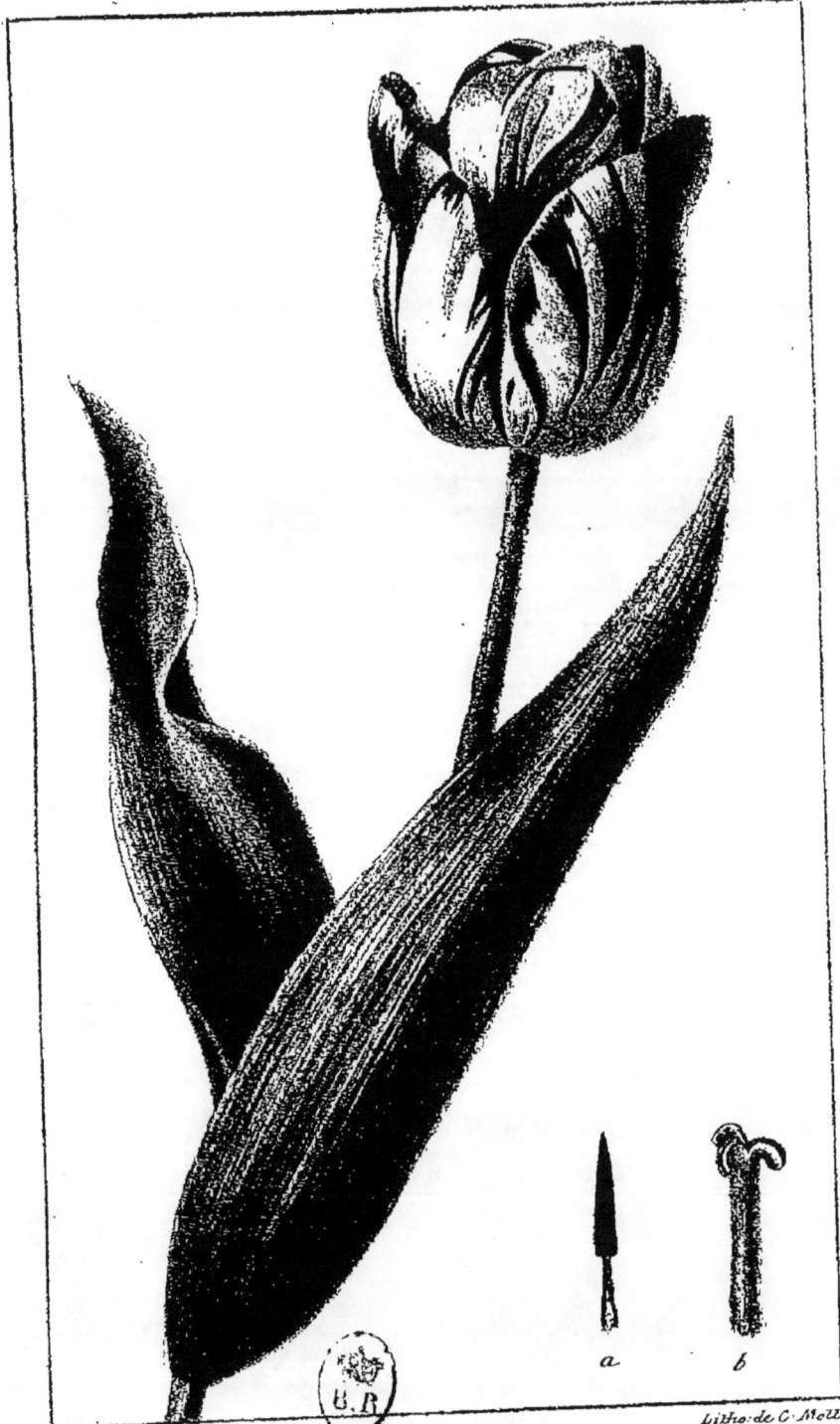

a   b

A. P. del:

Litho: de C. Motte.

Tulipe des Jardins.

Pl. 23.

Fritillaire Pintade.

Pl. 24.

A. P. del.

Litho. de C. Motte.

Ornithogale fistuleux.

Pl. 25.

A.P: del.

Lith. de

Œil. rose.

Pl. 26.

Muscari à grappe.

A. P. del.

Litho de C. Motte.

Planche XXVII.

XXIVe Famille.

Les LILIACÉES.

Hexandrie monogynie.
Linn.

Figure 1.

Galanthine perce-neige.
Galanthus nivalis. Linn.

Planche XXVIII.

XXIVe Famille.

Les LILIACÉES.

Hexandrie monogynie.
Linn.

Figure 1.

Narcisse de Gouan.
Narcissus Gouani. Dec.

Planche XXIX.

XXIVe Famille.

Les LILIACÉES.

Hexandrie monogynie.
Linn.

Figure 1.

Scille à feuilles obtuses.
Scilla obtusifolia. Poir.

A. Corolle ouverte.
B. Étamine séparée.
C. Pistil.
D. Capsule ouverte.
E. Semences.

Planche XXX.

XXVe Famille.

Les IRIDÉES.

Triandrie monogynie.
Linn.

Iris des prés.
Iris pratensis. Encycl.

Planche XXXI.

| XXVe Famille. | Figure i. |

XXVe Famille.

Les IRIDÉES.

Triandrie monogynie.
Linn.

Figure i.

Safran cultivé.

Crocus sativus. Linn.

a. Fleur ouverte.

b. Capsule entière.

c. La même coupée trans-
versalement.

d. Semence.

Pl. 27.

A.P. del.   Lith. de C. Motte

Galanthine perce-neige.

Pl. 28.

A.P. del.

Lith. de C. Motte.

Narcisse de Gouan

Pl. 29.

Scille à feuilles obtuses.

Pl. 30.

A. P. del.

Litho. de C. Motte.

Iris des Prés.

Pl. 31.

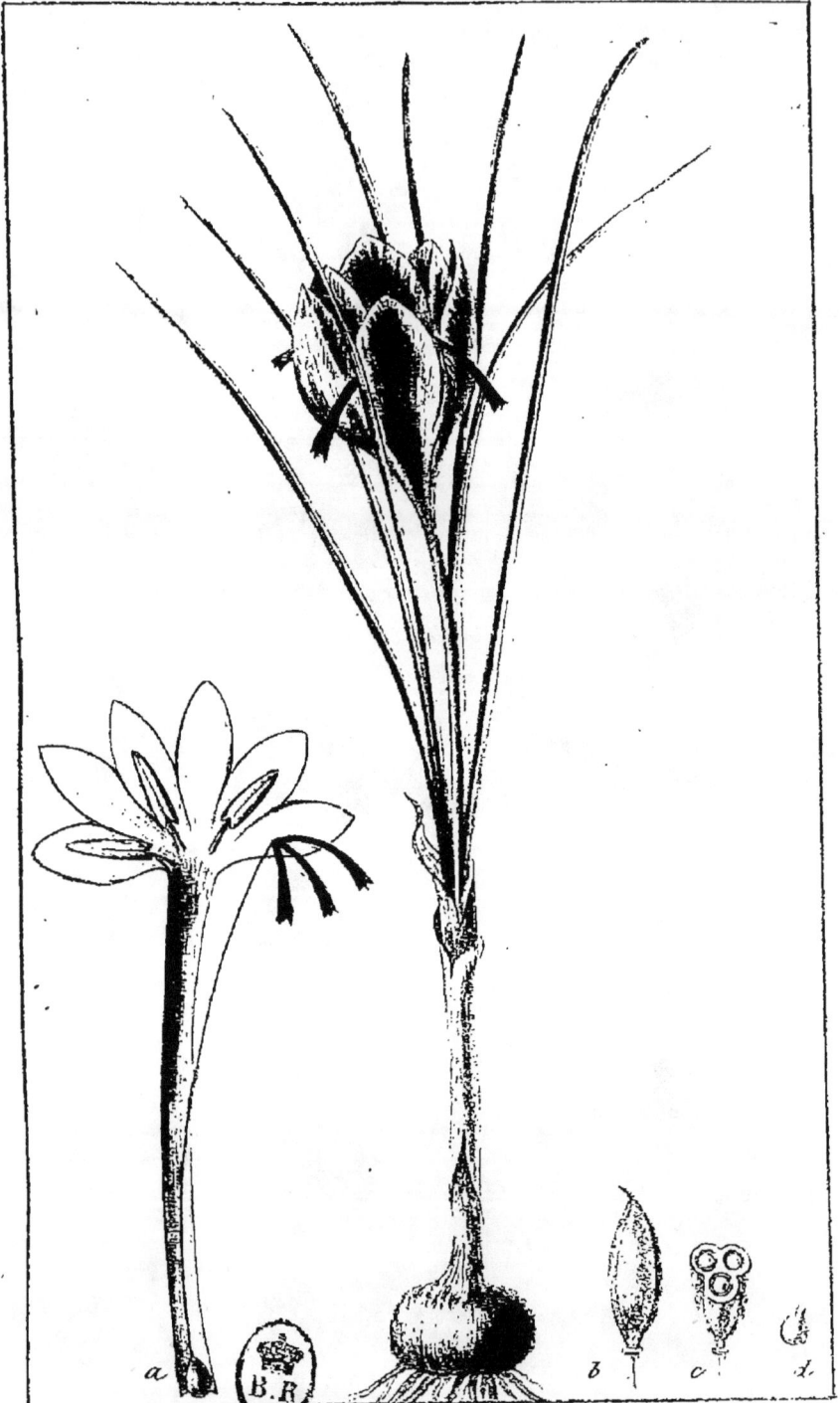

A.P. del.

Litho. de C. Motte.

Safran cultivé.

EXPLICATION DES FIGURES.

Planche XXXII.

XXVIe Famille.

Les ORCHIDÉES.

Gynandrie diandrie. Linn.

Orchis mâle.

Orchis mascula. Linn.

A. Fleur entière de grandeur naturelle, vue latéralement.

B. Pétale inférieur avec l'étamine.

C. Réceptacle de l'étamine ouverte et grossie.

D. Deux paquets de pollen.

Planche XXXIII.

Suite de la XXVIe Famille.

Les ORCHIDÉES.

Gynandrie diandrie. Linn.

Ophris homme.

Ophris antropophora. Linn.

A. Fleur entière vue de face.

B. La même vue latéralement.

Planche XXXIV.

Suite de la XXVIe Famille.

Les ORCHIDÉES.

Gynandrie diandrie. Linn.

Ophrys velu.

Ophrys villosa. Desf.

A. Fleur ouverte vue par devant.

B. La même vue par derrière.

PLANCHE XXXV.

SUITE DE LA XXVIe FAMILLE.

LES ORCHIDÉES.

GYNANDRIE DIANDRIE. Linn.

Sabot de Vénus.

Cypripedium calceolus. Linn.

PLANCHE XXXVI.

SUITE DE LA XXVIe FAMILLE.

LES ORCHIDÉES.

GYNANDRIE DIANDRIE. Linn.

Elléborine à languette.

Serapias lingua. Linn.

A. Fleur séparée.

PLANCHE XXXVII.

XXVIIe FAMILLE.

LES ARISTOLOCHES.

GYNANDRIE HEXANDRIE.
Linn.

Aristoloche ronde.

Aristolochia rotunda. Linn.

A. Fruit entier.

B. Le même coupé transversalement.

C. Semence.

PLANCHE XXXVIII.

SUITE DE LA XXVIIe FAMILLE.

LES ARISTOLOCHES.

GYNANDRIE DODÉCANDRIE.
Linn.

Hypociste parasite.

Citinus hypocistis. Linn.

A. Fleur entière.

B. Corolle séparée.

C. Ovaire avec le style et le stigmate.

D. Fruit coupé transversalement.

Pl. 32

A. P. del.

Litho. de C. Motte.

Orchis mâle.

Pl. 33.

A.P. del.

B.R

Lith. de C. Motte.

Ophrys hommel. —

Pl. 34.

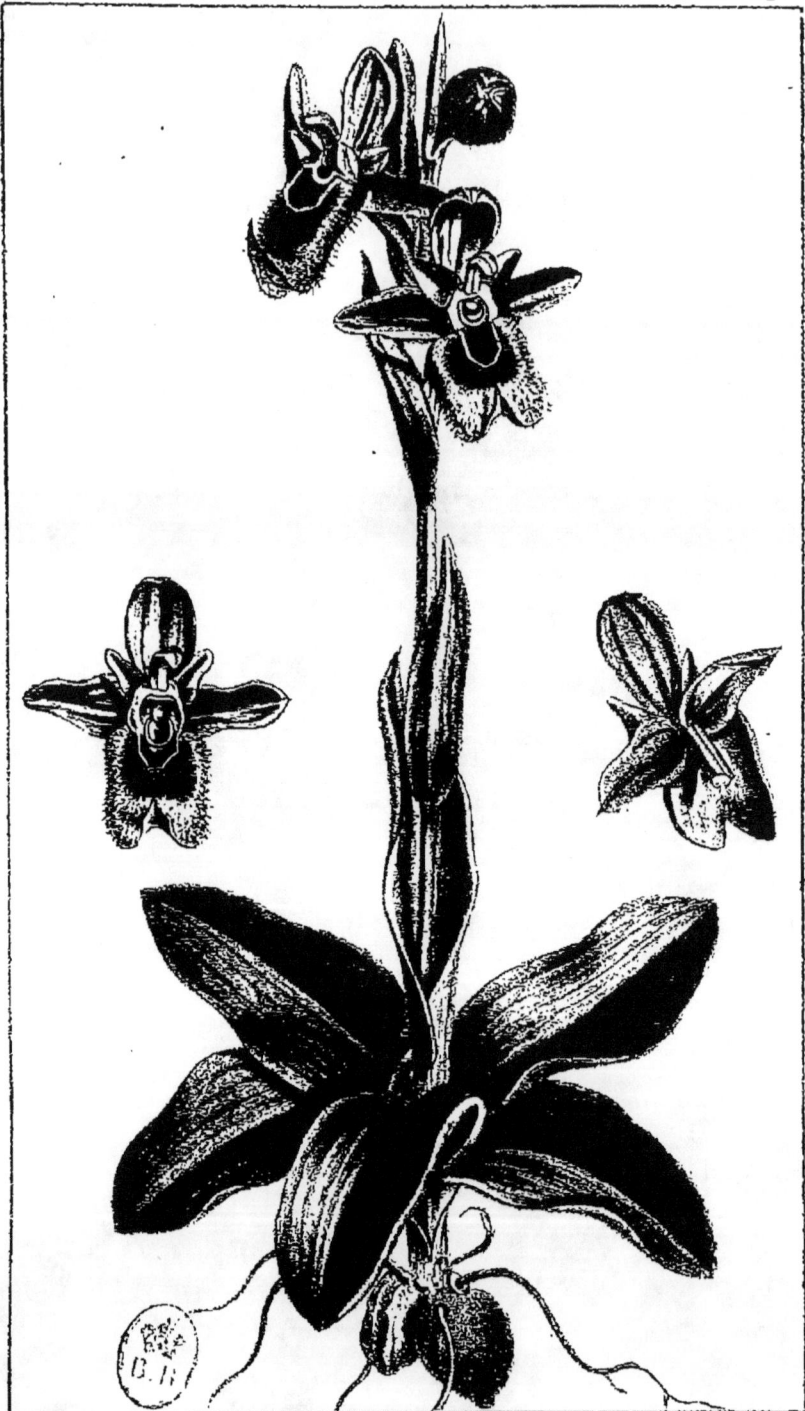

A.P. del.   Lith. de C. Motte.

Ophrys velus.

Pl. 35.

A. ... delt.   Litho. de C. Motte.

Sabot de Vénus.

Pl. 36.

A. P. del.

Elléborine à languette.

Pl. 37.

A. P. del.

Litho. de C Motte.

Aristoloche ronde.

Pl. 38.

A. P. del.   Litho. de C. Motte.

Hypociste parasite.

PLANCHE XXXIX.

XXVIIIe FAMILLE.

LES OSYRIDÉES.

TÉTRANDRIE MONOGYNIE.
Linn.

Chalef à feuilles étroites.

Elœagnus angustifolia. Linn.

A. Fleur non ouverte.

B. Calice fermé et grossi.

C. Le même à quatre lobes,
avec la situation des étamines.

D. Le même à huit lobes.
Variété.

E. L'ovaire avec le style et
le stigmate.

PLANCHE XL.

XXIXe FAMILLE.

LES THYMELÉES.

OCTANDRIE MONOGYNIE.
Linn.

Daphné méséréon.

Daphne mezereum. Linn.

A. Rameau fleuri.

B. Rameau chargé de fruits.

C. Fleur entière vue par devant.

D. La même vue par derrière.

E. Fleur ouverte, avec la vue
des étamines et du pistil.

F. Fruit entier.

G. Fruit coupé dans sa moitié pour faire voir la semence.

H. Semence séparée.

Planche XLI.

Suite de la XXIXe Famille.

Les THYMELÉES.

Octandrie monogynie.
Linn.

Figure 1.

Daphné garou.

Daphne gnidium. Linn.

A. Fleur entière.

B. Fleur ouverte, avec la vue des étamines et du pistil.

C. Fruit entier.

D. Fruit coupé dans sa moitié pour faire voir la semence.

Figure 2.

Daphné camelée.

Daphne cneorum. Linn.

Planche XLII.

Suite de la XXIXe Famille.

Les THYMELÉES.

Octandrie monogynie.
Linn.

Passerine veluc.

Passerina hirsuta. Linn.

A. Fleur de grandeur naturelle.

B. La même grossie.

C. La même ouverte avec les étamines.

D. La même avec le pistil.

Pl. 39

A. F. del.   Litho. de C. Motte.

Chalef à feuilles ouvertes.

Pl. 40.

a *b* *c* *d* *e* *f* *g* *h*

A. P. del.

Lith. de C. Motte.

Daphné mézéreon.

Pl. 41.

1. Daphné garou. 2. Daphné camelie.

Pl.42

A.P. del.

Lith.de C.Motte

Passerine velue.

Planche XLIII.

XXXe Famille.

Les LAURINÉES.   Laurier commun.

Ennéandrie monogynie.   *Laurus nobilis.* Linn.
Linn.

                       A. Bouton de fleur.
                       B. Fruit.

Planche XLIV.

XXXIe Famille.

Les POLYGONÉES.   Renouée maritime.

Octandrie trigynie. Linn.   *Polygonum maritimum.*
                                  Linn.

Planche XLV.

XXXIIe Famille.

Les CHÉNOPODÉES.   Blette en tête.

Monandrie digynie. Linn.   *Blitum capitatum.* Linn.

Planche XLVI.

Suite de la XXXIIe Famille.

Les CHÉNOPODÉES.   Salicorne herbacée.

Monandrie monogynie.   *Salicornia herbacea.* Linn.
Linn.

                       A. Rameau chargé d'épis.
                       B. Épi séparé très-grossi.
                       C. Étamine grossie.
                       D. Étamine et pistil dans
leur situation naturelle.
                       E. Pistil séparé.

Planche XLVII.

XXXIIIe Famille.

Les URTICÉES.

Monoecie tétrandrie. Linn.

Ortie membraneuse.

Urtica membranacea. Poir.

A. A. A. Fleurs mâles.

B. B. Fleurs femelles.

c. Fleur mâle ouverte et grossie.

D. La même en bouton vue en dessous.

E. La même vue en dessus.

F. La même vue latéralement.

G. Fleur femelle en fruit.

H. Fruit séparé, grossi.

I. Insertion des fleurs mâles sur le réceptacle commun agrandi.

A.P. del.   Lith: de C.Mott.

Laurier commun.

Pl. 44.

A. P. del.t

Lith. de C. Motte.

B.R.

Renouée maritime.

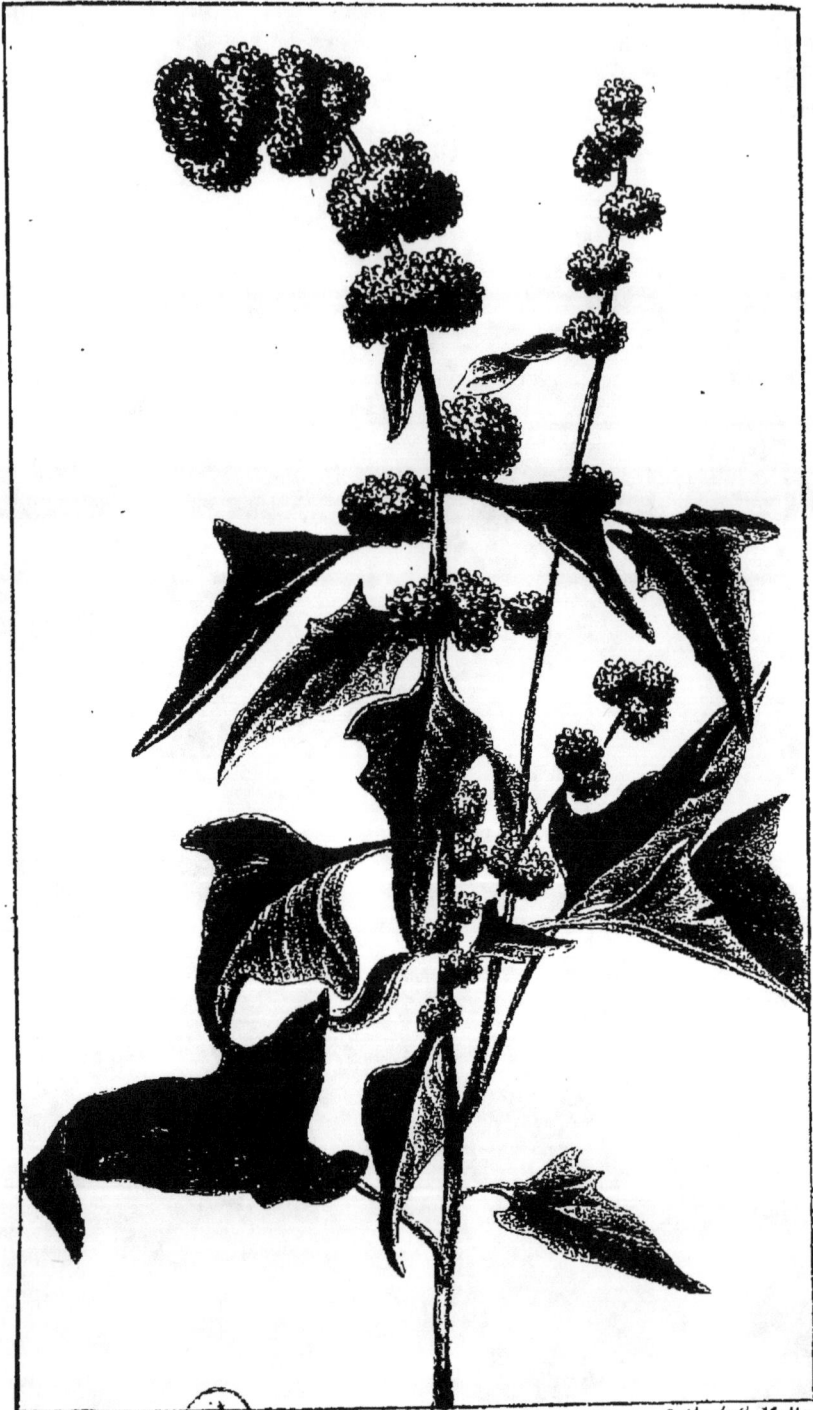

Pl. 45.

A.P. del.

Lith. de C. Motte.

Blette en tête.

Pl. 46.

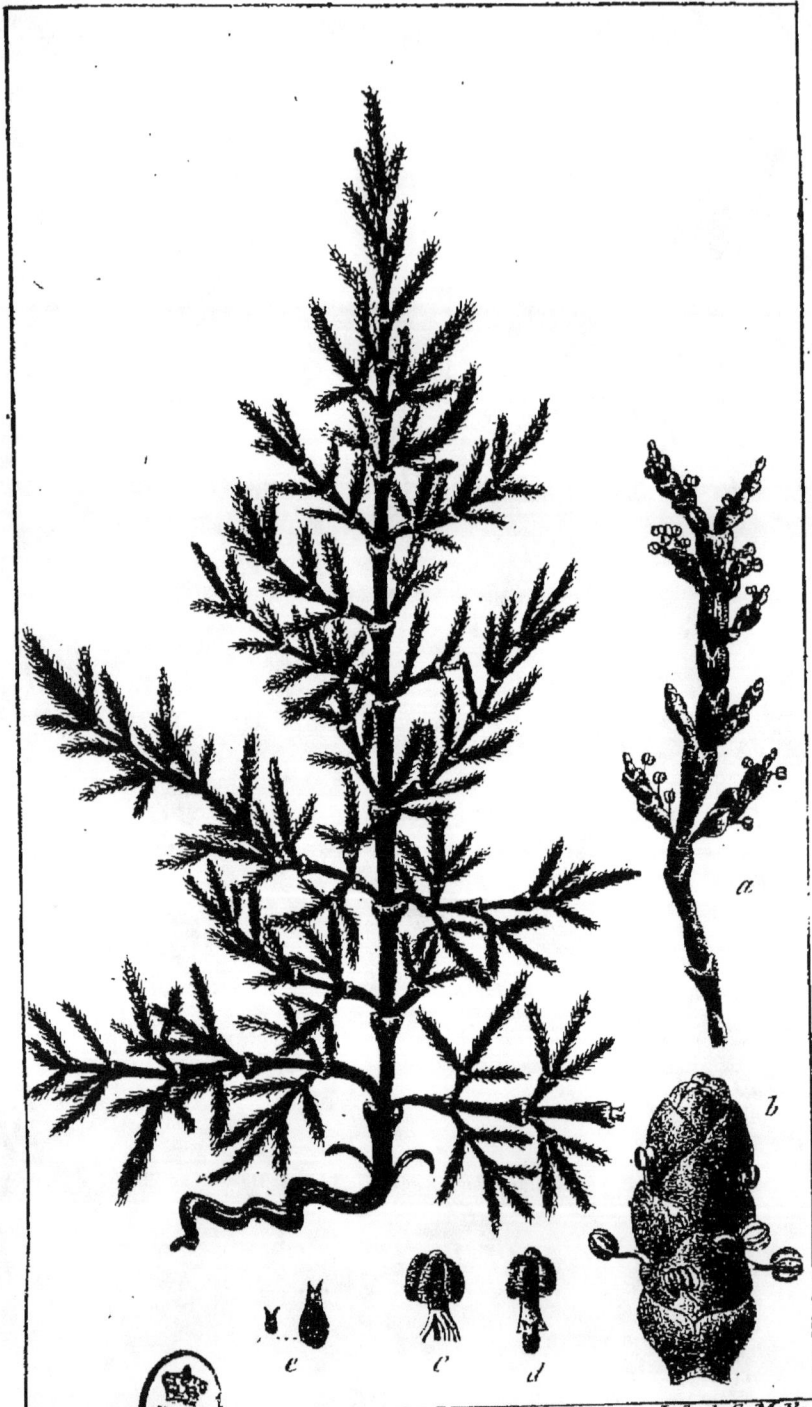

Salicorne herbacée.

Pl. 47

A. P. del.

Lith. de C. Motte.

Ortie membraneuse.

EXPLICATION DES FIGURES.

PLANCHE XLVIII.

XXXIVe FAMILLE.

LES AMARANTHACÉES.

PENTANDRIE DIGYNIE. Linn.

Herniaire glabre.

Herniaria glabra. Linn.

A. Fleur entière grossie.

B. Fruit de grosseur naturelle.

C. Le même grossi.

D. Le même dépouillé de
son calice.

E. Semence isolée.

PLANCHE XLIX.

XXXVe FAMILLE.

LES POLYCARPÉES.

PENTANDRIE TRIGYNIE.
Linn.

Morgeline en ombelle.

Alsine umbellata. Dc.

A. Calice séparé.

B. Ovaire avec les trois styles.

C. Capsule entière grossie.

D. La même s'ouvrant au
sommet.

E. La même coupée dans sa
longueur, faisant voir les semences sur un placenta central.

F. Une semence grossie vue
en dessus.

G. La même vue en dessous.

H. La même vue latérale-
ment.

*

ɪ. La même coupée en tra-vers.

ʟ. L'embryon séparé.

ᴍ. Étamines séparées.

ɴ. Un pétale.

PLANCHE L.

XXXVIᵉ Famille.

LES **PLANTAGINÉES.**

Tétrandrie monogynie. Linn.

Plantain à grosses racines.

Plantago macrorhiza. Poir.

ᴀ. Une bractée séparée.

ʙ. Corolle grossie.

ᴇ. La même ouverte.

ᴅ. Calice avec le pistil.

ᴇ. Une division du calice.

ꜰ. Capsule ouverte transver-salement.

ɢ. Portion inférieure de la même avec les deux loges mo-nospermes.

ʜ. Semence grossie.

PLANCHE LI.

XXXVIIᵉ Famille.

LES **NYCTAGINÉES.**

Pentandrie monogynie. Linn.

Belle-de-nuit du Pérou.

Mirabilis jalapa. Linn.

ᴀ. Fleur ouverte.

ʙ. Étamine vue par devant et par derrière.

ᴄ. Style et stigmate grossis.

ᴅ. Stigmate plus gros.

ᴇ. Ovaire à la base de la co-rolle.

Pl. 48.

a   b   c   d   e

A.P. del.t   Lith: de l'Motte.

Herniaire glabre.

Pl. 49.

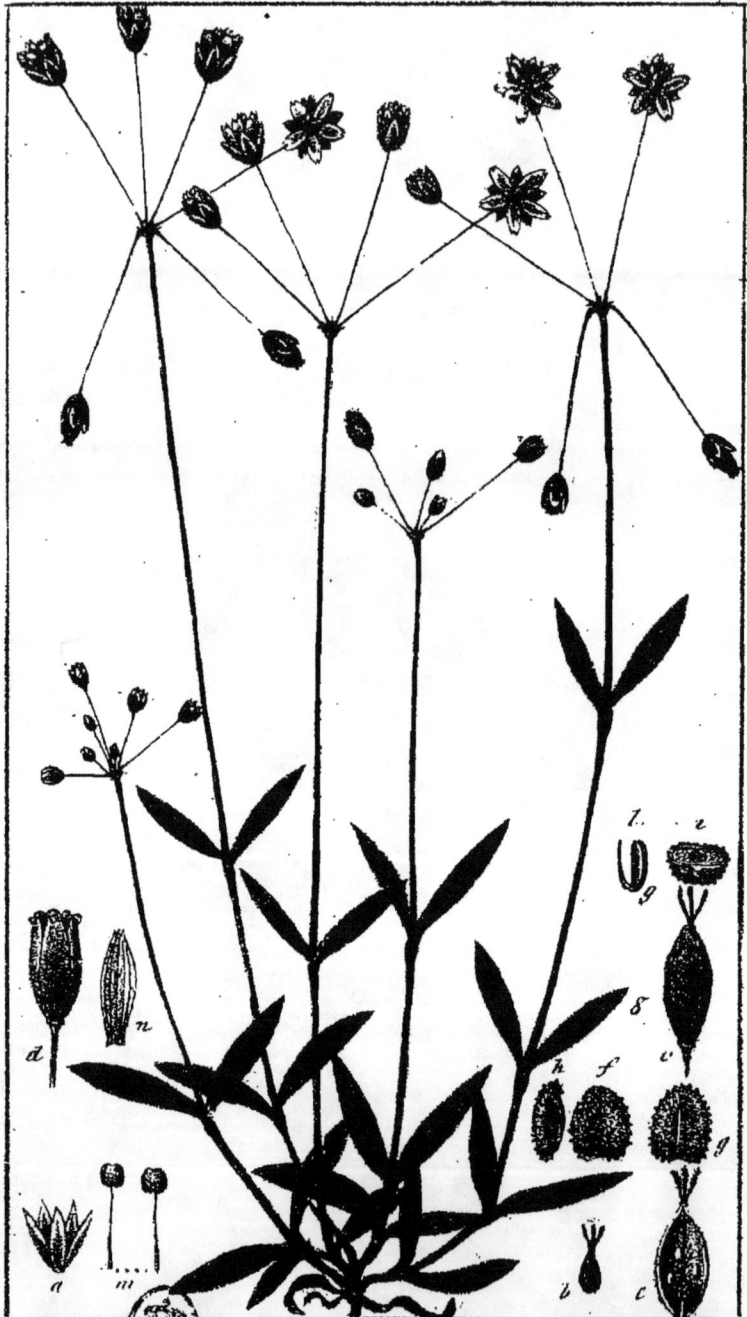

A.P. del.t

Lith: de C. Motte.

Morgeline en ombelle.

Pl. 50.

Plantin à grosses racines.

Pl. 51.

A. P. del.   Lith. de C. Motte.

Belle de nuitt du Perou.

3

F. Semence entière.

G. La même coupée dans sa longueur.

H. La même coupée trans-versalement.

I. Embryon entier.

L. Le même coupé dans sa longueur.

M. Le même dégagé de sa pellicule.

N. Le même plus développé.

O. Périsperme dégagé de la plantule.

PLANCHE LII.

XXXVIIIe FAMILLE.

LES **PLUMBAGINÉES.**

PENTANDRIE PENTAGYNIE. Linn.

FIGURE 1.

Staticé sinué.

Statice sinuata. Linn.

FIGURE 2.

Statice armeria.

Statice armeria. Linn.

A. Fleur entière.

B. Corolle ouverte et grossie.

C. Ovaire surmonté des cinq styles.

D. Calice séparé.

PLANCHE LIII.

XXXIXe FAMILLE.

LES **PRIMULACÉES.**

PENTANDRIE MONOGYNIE. Linn.

Primevère officinale.

Primula veris. Linn.

A. Fleur ouverte.

4

B. Fruit contenu dans une portion du calice.

c. Capsule s'ouvrant en dix parties au sommet.

D. La même coupée dans sa longueur.

E. Une semence grossie.

F. Semences de grandeur naturelle.

Planche LIV.

XLe Famille.

Les GLOBULAIRES.

Tétrandrie monogynie. Linn.

Globulaire turbith.

Globularia alypum. Linn.

A. Fleur entière grossie, accompagnée de son écaille.

B. Fruit contenu dans une portion du calice.

Planche LV.

XLIe Famille.

Les UTRICULINÉES.

Diandrie monogynie. Linn.

Grassette vulgaire.

Pinguicula vulgaris. Linn.

A. Corolle de grandeur naturelle.

B. Calice séparé.

c. Deux ovaires avec l'insertion des deux étamines, marquée par deux points.

D. Un ovaire avec les deux étamines latérales.

E. Le même avec les deux stigmates.

Pl. 52.

Fig. 1

Fig. 2

d

c a

b

A. P. del.

Lith. de C. Mott.

Fig. 1. *Statice Sinuée*; Fig. 2. *Statice arméria*.

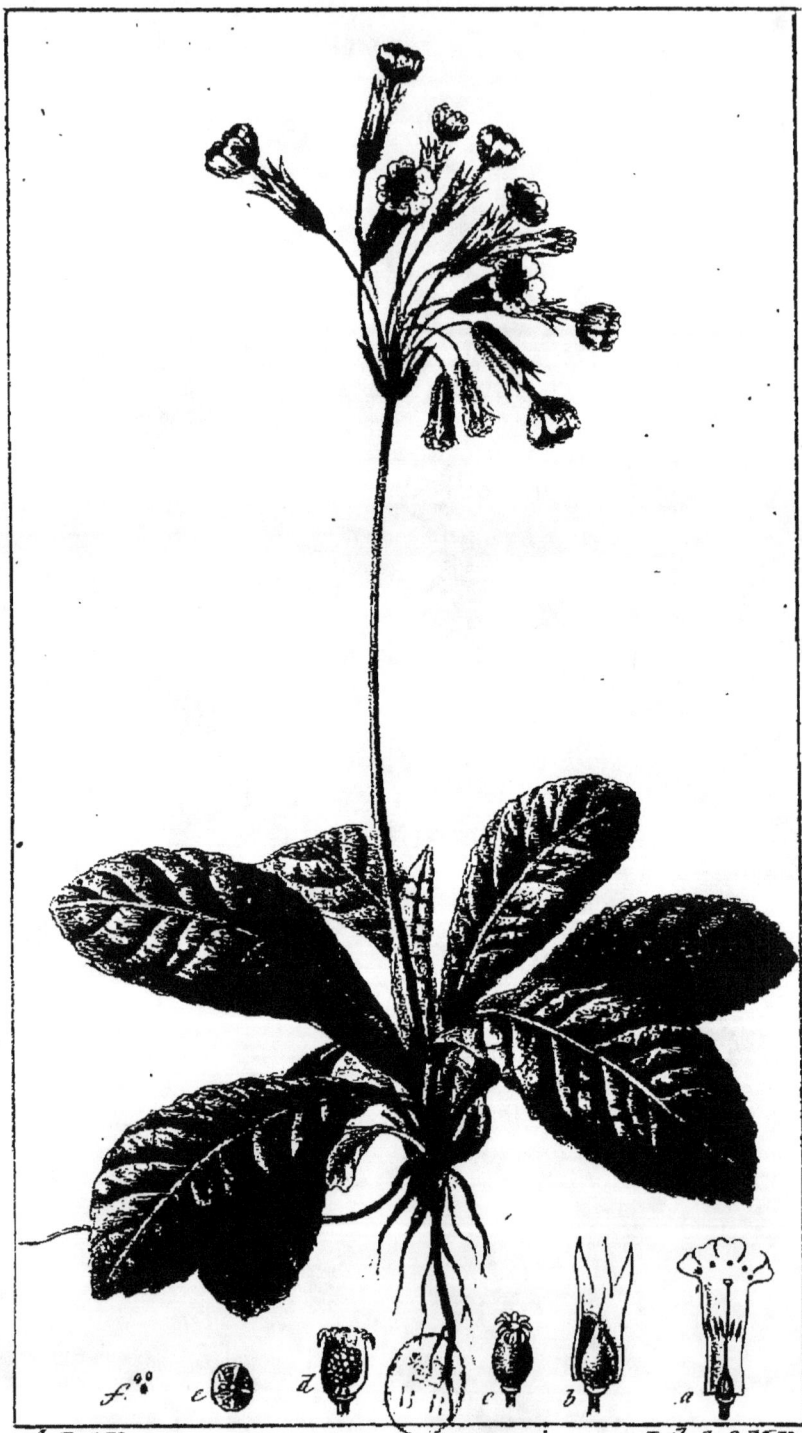

Pl. 53.

f. e. d. c. b. a.

A. P. del.   Lith. de C. Motte.

Primevère officinale.

Pl. 54.

A. P. delt.

Lith. de C. Motte.

Globulaire turbith.

Pl 55.

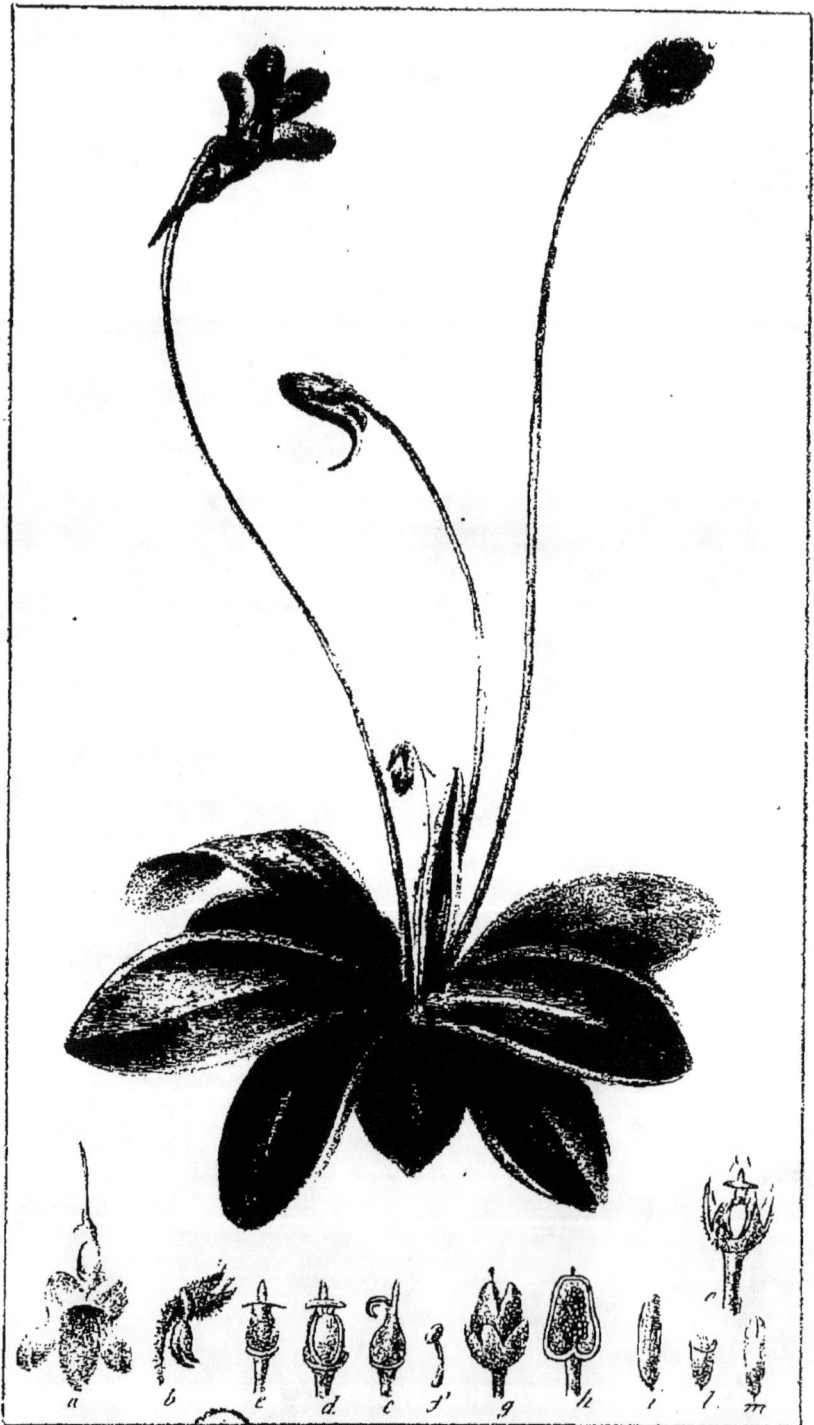

A.P. delt.   Lith. de C. Motte.

Grasseli vulgaire.

F. Une étamine.

G. Capsule ouverte au sommet.

H. Coupe verticale d'une capsule avec les semences.

I. Une semence très-grossie.

L. La même coupée transversalement.

M. Embryon mis à nu au sommet d'une semence.

N. Ovaire avec les deux étamines entourées du calice.

PLANCHE LVI.

LES UTRICULINÉES.

DIANDRIE MONOGYNIE. Linn.

Utriculaire commune.

Utricularia vulgaris. Linn.

A. Corolle entière de grandeur naturelle.

B. Calice muni de son pédicelle et de sa bractée.

C. Corolle vue en face, avec la lèvre supérieure et les étamines relevées.

D. Ovaire grossi.

E. Coupe transversale du même.

F. Fruit mûr ouvert transversalement.

G. Semences.

H. Bouton qui termine un rameau.

I. Une vésicule grossie.

L. Rameau avec les fruits mûrs.

Planche LVII.

XLIIe Famille.

Les POLYGALÉES.

Diadelphie octandrie. Linn.

Polygala commun.

Polygala vulgaris. Linn.

A. Calice séparé.

B. Fleur entière, moins les deux grandes folioles du calice.

c. Étamines et pistil.

D. Fruit entier.

E. Le même coupé dans sa longueur.

F. Semence.

Planche LVIII.

XLIIIe Famille.

Les RHINANTHÉES.

Diandrie monogynie. Linn.

Véronique officinale.

Veronica officinalis. Linn.

A. Fleur entière.

B. Corolle vue en dehors.

c. La même ouverte.

D. Calice et pistil.

E. Ovaire avec le style.

F. Capsule grossie.

G. La même coupée transversalement.

Planche LIX.

Les RHINANTHÉES.

Didynamie angiospermie. Linn.

Euphraise officinale.

Euphrasia officinalis. Linn.

A. Fleur vue en face et ouverte.

Pl. 56.

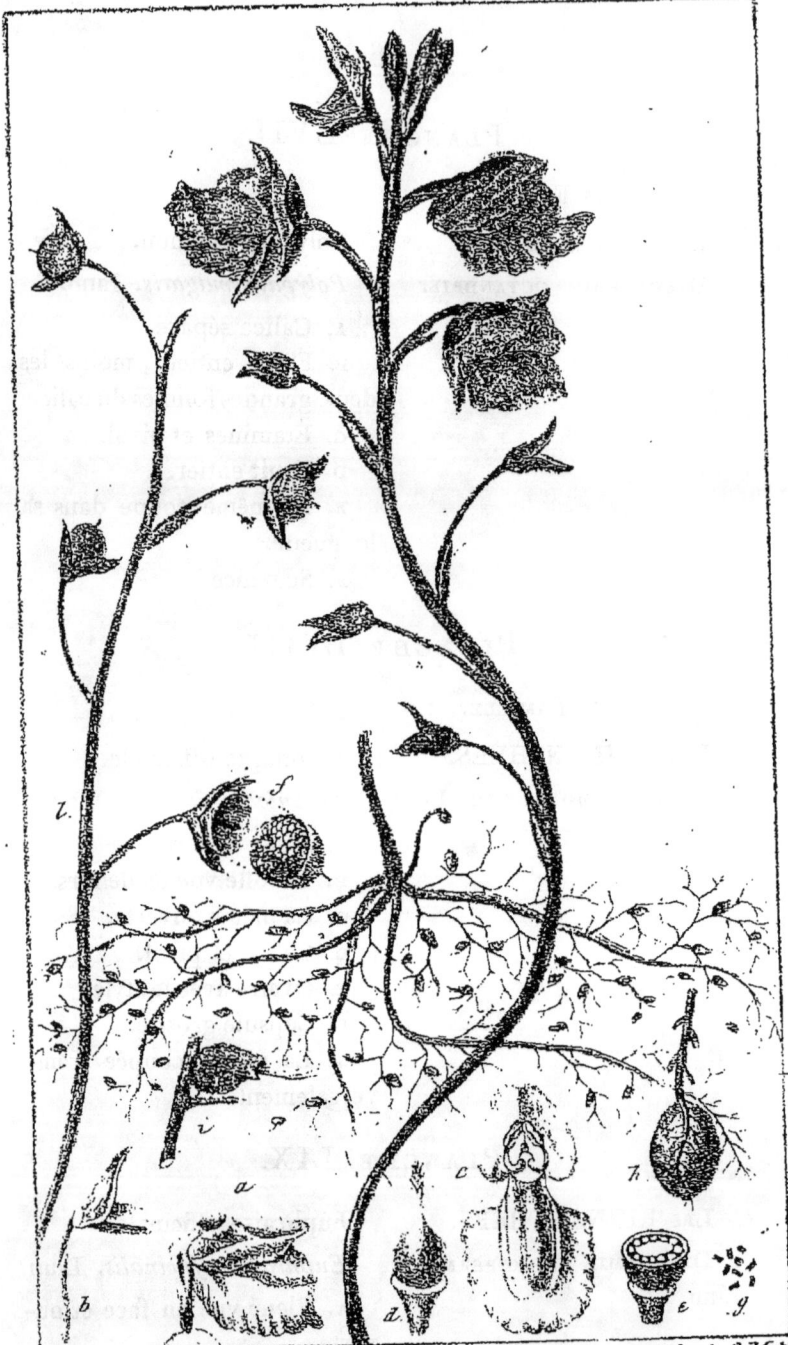

Utriculaire commune.

A. P. del. Lith. de C. Motte.

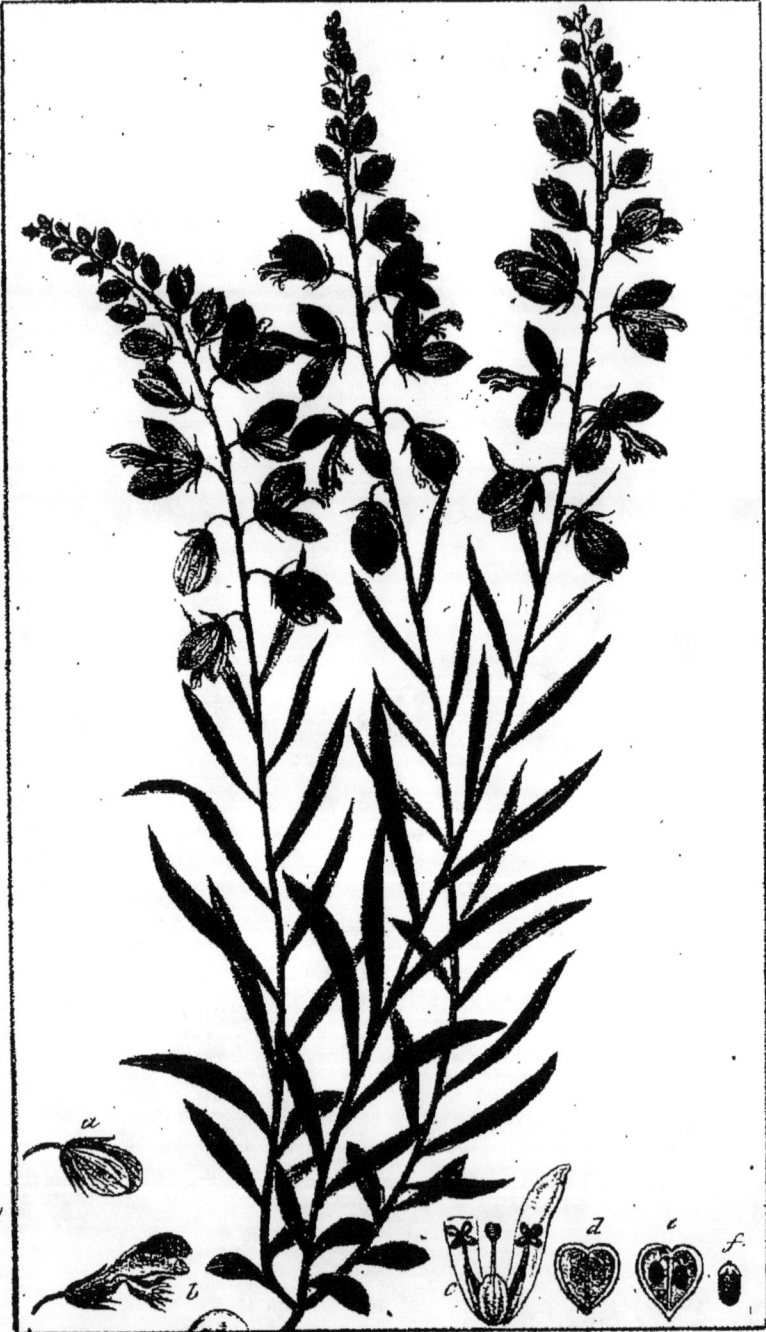

A.P: del.

Lith: de C. Motte.

Polygala commun.

Pl. 58.

A. P. del.   Lith. de C. Motte.

Veronique officinale.

Pl. 59.

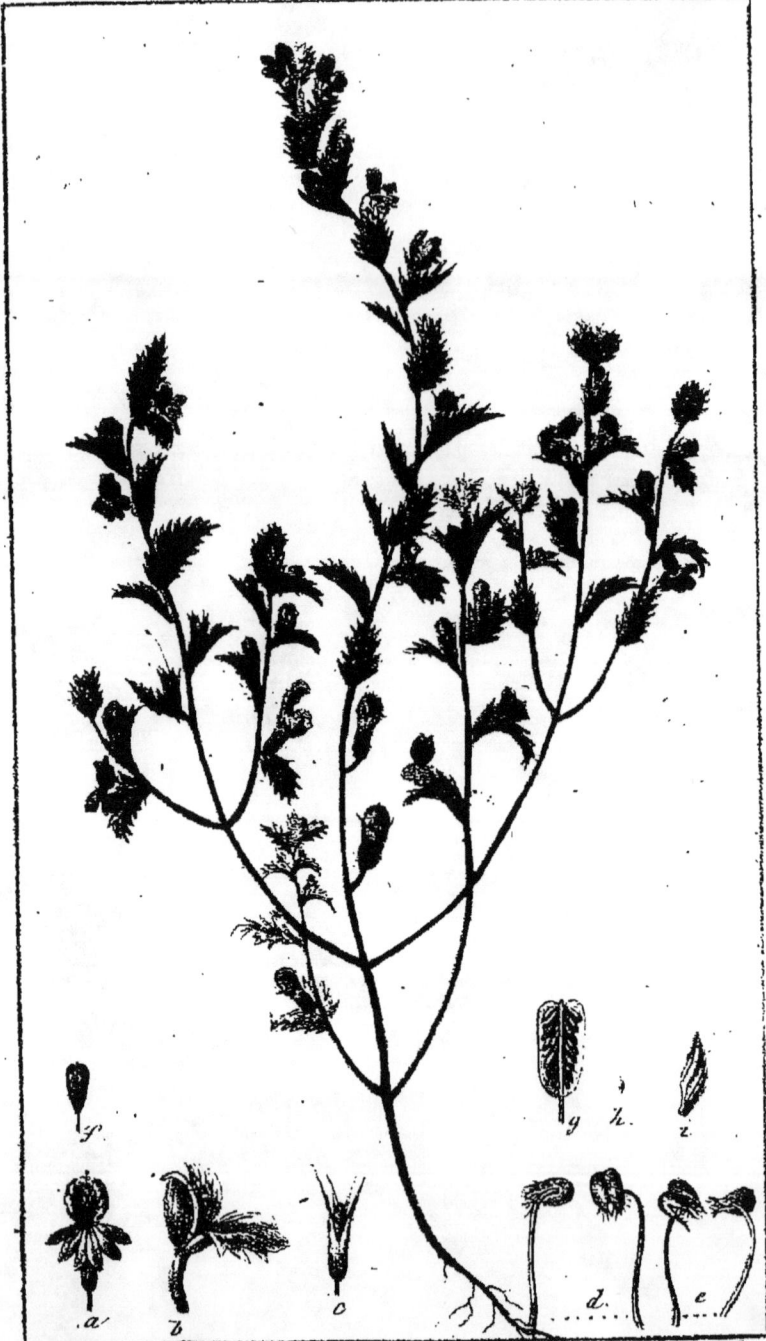

A. P. del.

Lith. de C. Motte.

Euphraise officinale.

B. Corolle vue latéralement et grossie.

C. Calice avec l'ovaire.

D. Les deux plus grandes étamines.

E. Les deux plus petites.

F. Fruit de grandeur naturelle.

G. Le même grossi et ouvert avec la position des semences.

H. Une semence de grandeur naturelle.

I. La même grossie.

PLANCHE LX.

LES RHINANTHÉES.

DIDYNAMIE ANGIOSPERMIE. Linn.

Rhinanthe crête de coq.

Rhinanthus cristagalli. Linn.

A. Calice séparé.

B. Une étamine.

C. Capsule ouverte.

D. Semence entière.

E. La même coupée dans sa longueur.

F. Embryon séparé.

Nota. Les figures pour les familles 44, 45, 46, seront fournies avec la prochaine livraison.

PLANCHE LXV.

XLVIIe FAMILLE.

LES LABIÉES.

DIDYNAMIE GYMNOSPERMIE. Linn.

Bugle rampante.

Ajuga reptans. Linn.

A. Fleur entière.

B. La même ouverte.

Planche LXVI.

Les LABIÉES.

Didynamie gymnospermie. Linn.

Teucrium petit-chêne ou germandrée.

Teucrium chamædrys. Linn.

A. Fleur entière grossie.
B. Corolle vue de face.
c. Pistil.

Planche XLVII.

Les LABIÉES.

Didynamie gymnospermie. Linn.

Mélisse officinale.

Melissa officinalis. Linn.

A. Fleur entière grossie.
B. La même vue de face.
c. Insertion des étamines.
D. Calice ouvert avec l'o-vaire et le style.
E. Les quatre semences.
F. Une d'elles séparée.

EXPLICATION DES FIGURES.

*PLANCHE LXI.

XLIVe FAMILLE.

LES OROBANCHÉES.

DIDYNAMIE ANGIOSPERMIE.
Linn.

Clandestine à fleurs droites.

Lathræa clandestina. Linn.

A. Fleur ouverte, laissant voir les organes sexuels.

B. Capsule entière.

C. La même coupée transversalement.

D. La même s'ouvrant en deux valves.

E. Semences séparées.

PLANCHE LXII.

XLVe FAMILLE.

LES ACANTHACÉES.

DIDYNAMIE ANGIOSPERMIE.
Linn.

Acanthe molle.

Acanthus mollis. Linn.

A. Corolle entière dépouillée de ses enveloppes.

B. Enveloppes de la corolle séparées.

C. Étamines. Les anthères dans leurs différentes positions.

D. Pistil séparé.

E. Capsule entière séparée.

F. La même s'ouvrant en deux valves.

G. La même coupée transversalement.

* *Nota.* Ces quatre premières figures doivent être placées à la suite de la planche 60 de la précédente livraison.

Planche LXIII.

XLVIᵉ Famille.

Les PERSONNÉES.

Didynamie angiospermie. Linn.

Digitale pourprée.

Digitalis purpurea. Linn.

A. Portion inférieure de la corolle, offrant l'insertion des étamines et la forme des anthères.

B. Capsule coupée transversalement.

C. Une semence grossie.

Planche LXIV.

XLVIᵉ Famille.

Les PERSONNÉES.

Diandrie monogynie. Linn.

Gratiole officinale.

Gratiola officinalis. Linn.

A. Calice et pistil.

B. Corolle ouverte. Deux étamines supérieures fertiles; deux inférieures plus petites, stériles.

C. Capsule entière.

D. La même coupée transversalement.

E. Semence grossie.

Planche LXVIII.

XLXVIIIᵉ Famille.

Les VERBENACÉES.

Diandrie monogynie. Linn.

Verveine officinale.

Verbena officinalis. Linn.

A. Fleur entière grossie.

B. Corolle ouverte.

C. Calice avec son écaille.

A.P. del.

Lith. de l'Motte

a   b   c   d

Rhinanthe crête de coq.

A.P.

Lith. de C. Motte.

Clandestine a fleurs droites.

Acanthe Molle.

Digitale pourprée.

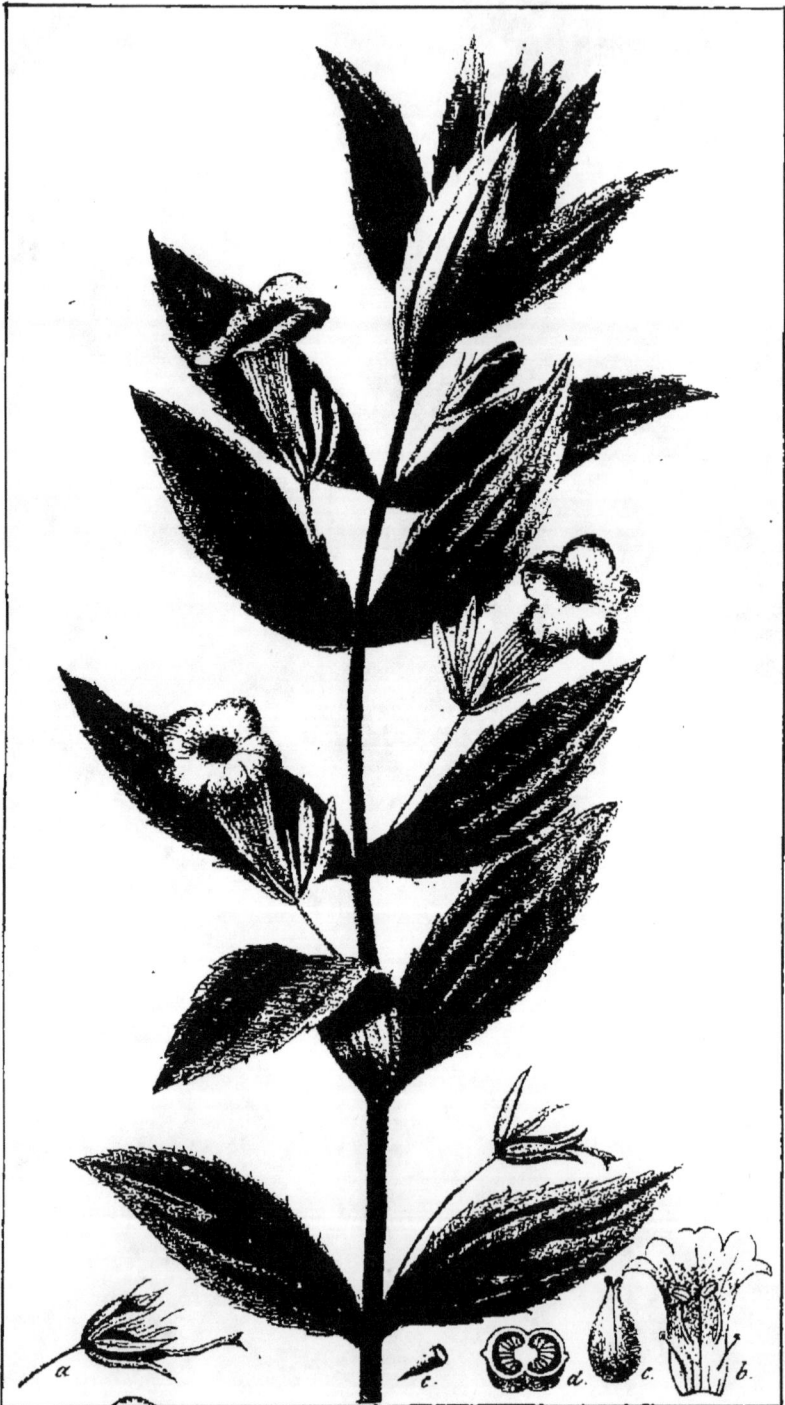

AP.

Lith. de C. Motte.

Gratiole Officinale.

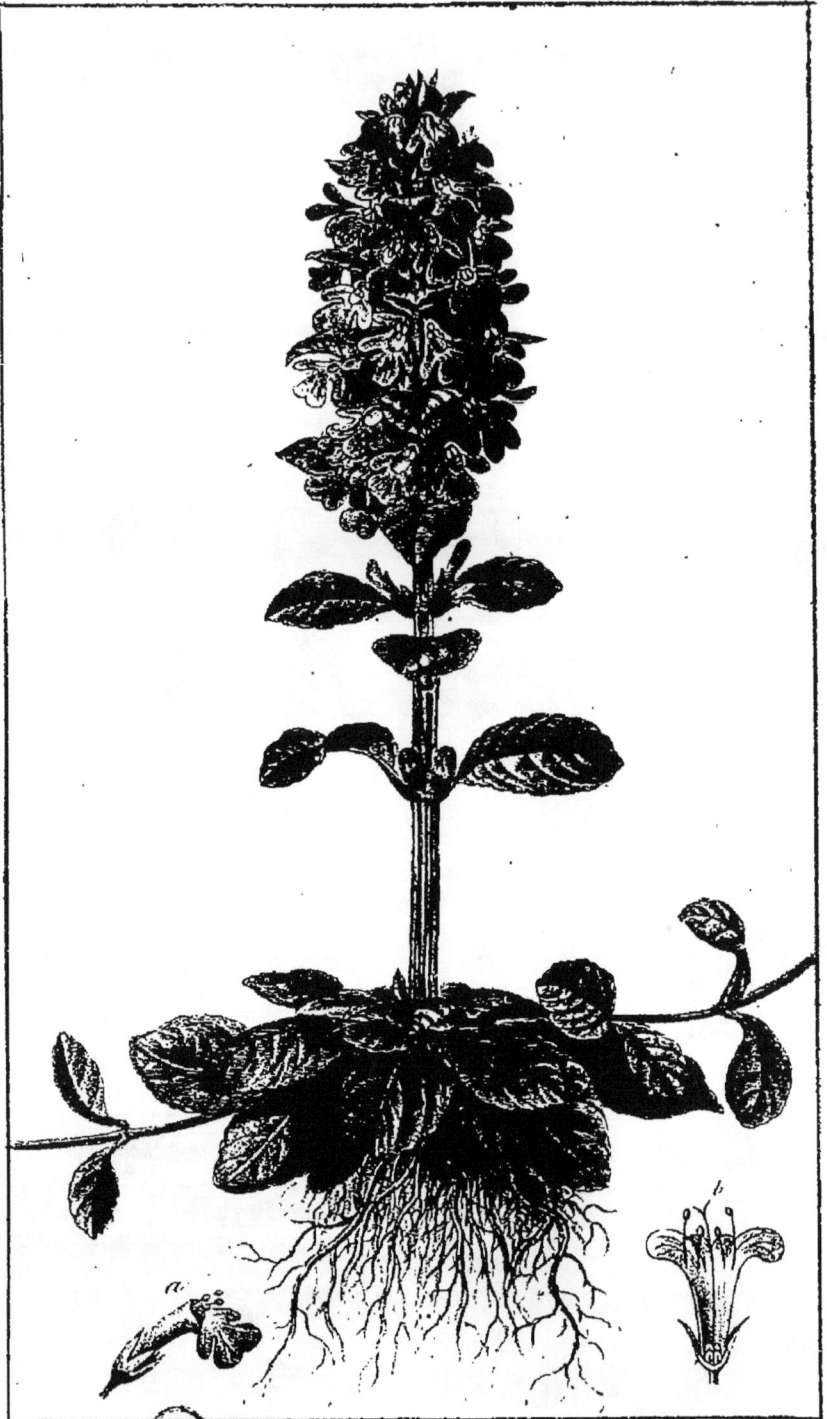

Lith: de C. Motte

B.R. Bugle Rampante

Pl. 66.

Teucrium petit chêne ou Germandrée.

Pl. 67.

A. P. del.   Lith. de C. Motte

Mélisse officinale.

Pl. 68.

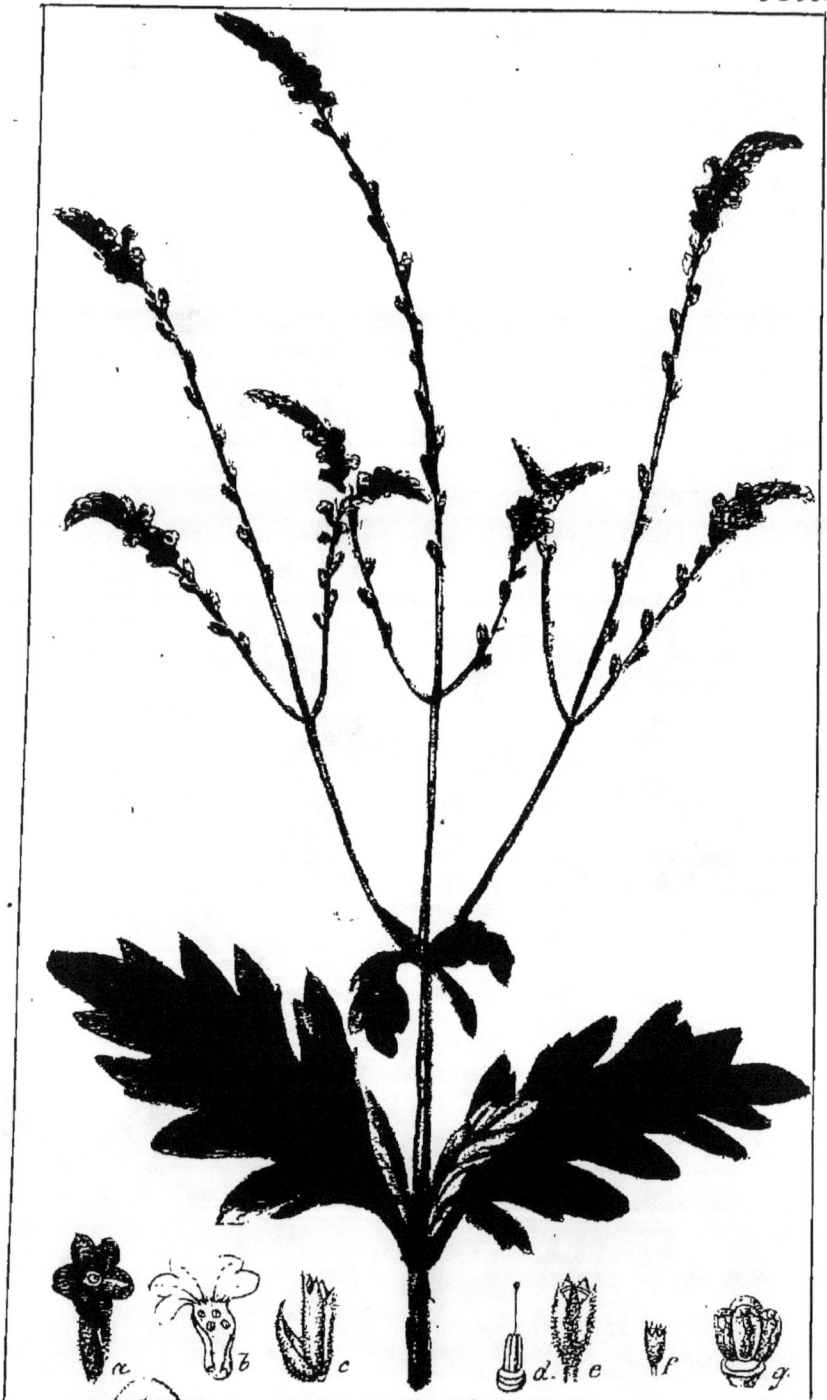

A.P. del.   Lith: de C. Motte.

Verveine Officinale.

D. Pistil.

E. Fruit grossi.

F. Le même de grandeur naturelle.

G. Le même dépouillé de son calice.

Planche LXIX.

XLIXe Famille.

Les JASMINÉES.

Diandrie monogynie. Linn.

Olivier cultivé.

Olea europea. Linn.

A. Rameau fleuri.

B. Fleur entière grossie.

C. Calice et pistil.

D. Fruit; le noyau à nu à sa moitié supérieure.

E. Noyau coupé à sa partie supérieure pour faire voir la graine.

Planche LXX.

L^e Famille.

Les SOLANÉES.

Pentandrie monogynie. Linn.

Ramondie des Pyrénées.

Ramondia pyrenaica. Dc. Fl. fr.

Planche LXXI.

LIe Famille.

Les BORRAGINÉES.

Pentandrie monogynie. Linn.

Pulmonaire officinale.

Pulmonaria officinalis. Linn.

A. Feuille radicale.

B. Calice.

C. Pistil.

D. Corolle ouverte avec l'insertion des étamines.

E. Une étamine grossie.

F. Calice ouvert avec les quatre semences.

G. Graine isolée.

PLANCHE LXXII.

LIIe FAMILLE.

LES CONVOLVULACÉES.　　Quamoclit sagitté.

PENTANDRIE MONOGYNIE.　　*Ipomœa sagittata*. Linn.
Linn.

PLANCHE LXXIII.

LIIIe FAMILLE.

LES POLÉMONIACÉES.　　Polémoine bleu.

PENTANDRIE MONOGYNIE.　　*Polemonium cœruleum*. Lin.
Linn.

A. Corolle ouverte.

B. Calice et pistil.

C. Pistil séparé.

D. Fruit avec le calice persistant.

E. Fruit dépouillé du calice.

F. Le même entr'ouvert.

G. Le même coupé horizontalement.

H. Semence. La même grossie.

I. La même coupée transversalement.

L. La même coupée transversalement avec la vue de l'embryon.

M. Embryon isolé.

A.D. del.   Lith. de C. Motte.

Olivier Cultivé.

Ramonde des Pyrénées.

A.P. del.

Lith. de C. Motte.

Pulmonaire Officinale.

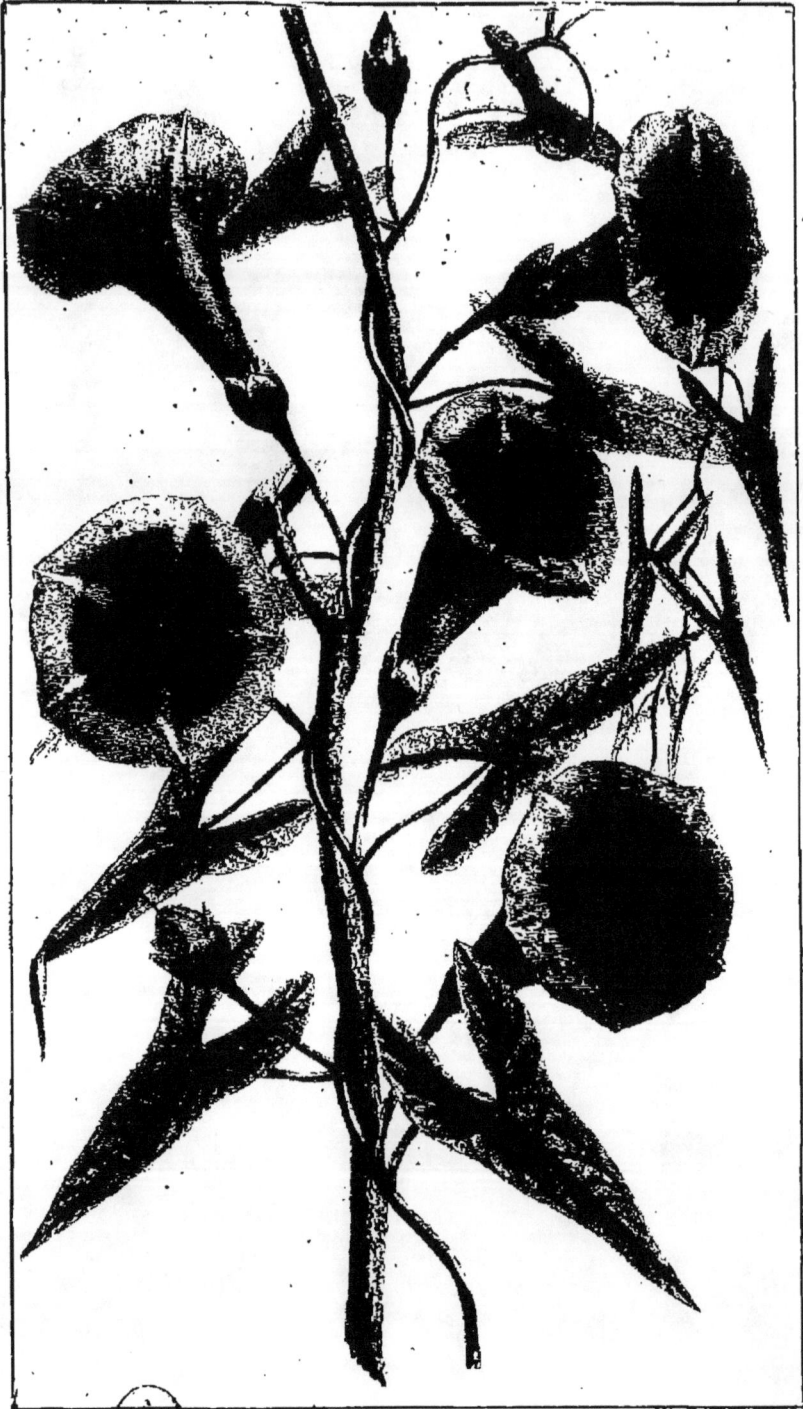

A.P.

Lith de C. Motte.

Ipomea Sagitté.

AP.

Lith: de C. Motte.

Polémoine Bleu.

PLANCHE LXXIV.

LVe FAMILLE.

LES GENTIANÉES.

PENTANDRIE DIGYNIE. Linn.

Gentiane amarelle.

Gentiana amarella. Linn.

   A. Fleur ouverte.
   B. Calice séparé.
   C. Étamines.
   D. Pistil.

PLANCHE LXXV.

LVe FAMILLE.

SUITE DES GENTIANÉES.

PENTANDRIE MONOGYNIE. Linn.

Villarsie, faux nénuphar.

Villarsia nymphoides. Vent.

   A. Fleur ouverte.
   B. Étamines séparées.
   C. Pistil séparé.
   D. Fruit jeune.
   E. Fruit coupé verticalement avec la disposit. des semences.
   F. Le même coupé transversalement.
   G. Semences séparées, une grossie.
   H. Semence coupée dans sa long. avec la vue de l'embryon.
   I. Embryon séparé.
   L. Calice séparé.

PLANCHE LXXVI.

LVIe FAMILLE.

LES APOCINÉES.

PENTANDRIE DIGYNIE. Linn.

Asclépiade dompte-venin.

Asclepias vincetoxicum. Lin.

   A. Fleur entière grossie.

B. Calice et pistil.

C. Follicule avec la vue des semences.

D. Semence séparée.

Planche LXXVII.

LVIIIe Famille.

Les RHODORACÉES.

Décandrie monogynie. Linn.

Rhododendron faux-ciste.

Rhododendron chamœcistus. Linn.

A. Plante de grandeur natur.

B. Feuille séparée et grossie.

C. Calice.

D. Corolle.

E. Étamines.

F. Capsule du *rhodendrum maximum*, coupée transversalement.

G. Une semence séparée.

H. La même coupée transversalement.

I. La même coupée dans sa longueur avec la vue de l'embryon.

L. Les Semences.

Planche LXXVIII.

LIXe Famille.

Les ÉRICINÉES.

Octandrie monogynie. Linn.

Bruyère cendrée.

Erica cinerea. Linn.

A. Fleur entière grossie.

B. La même ouverte.

C. Étamines séparées.

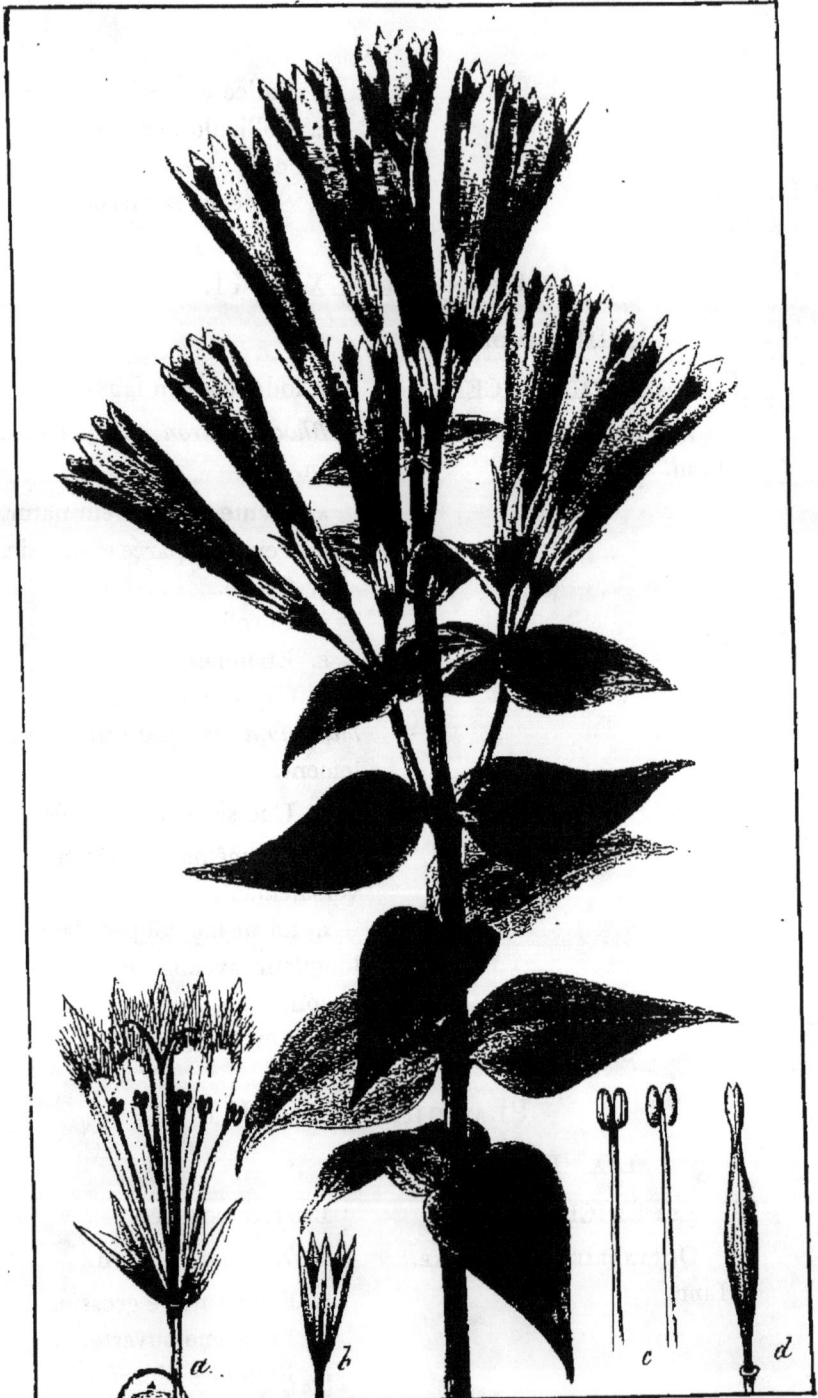

a. *b.* *c* *d*

Lith. de C. Motte.

A.P.

Gentiane Amarelle.

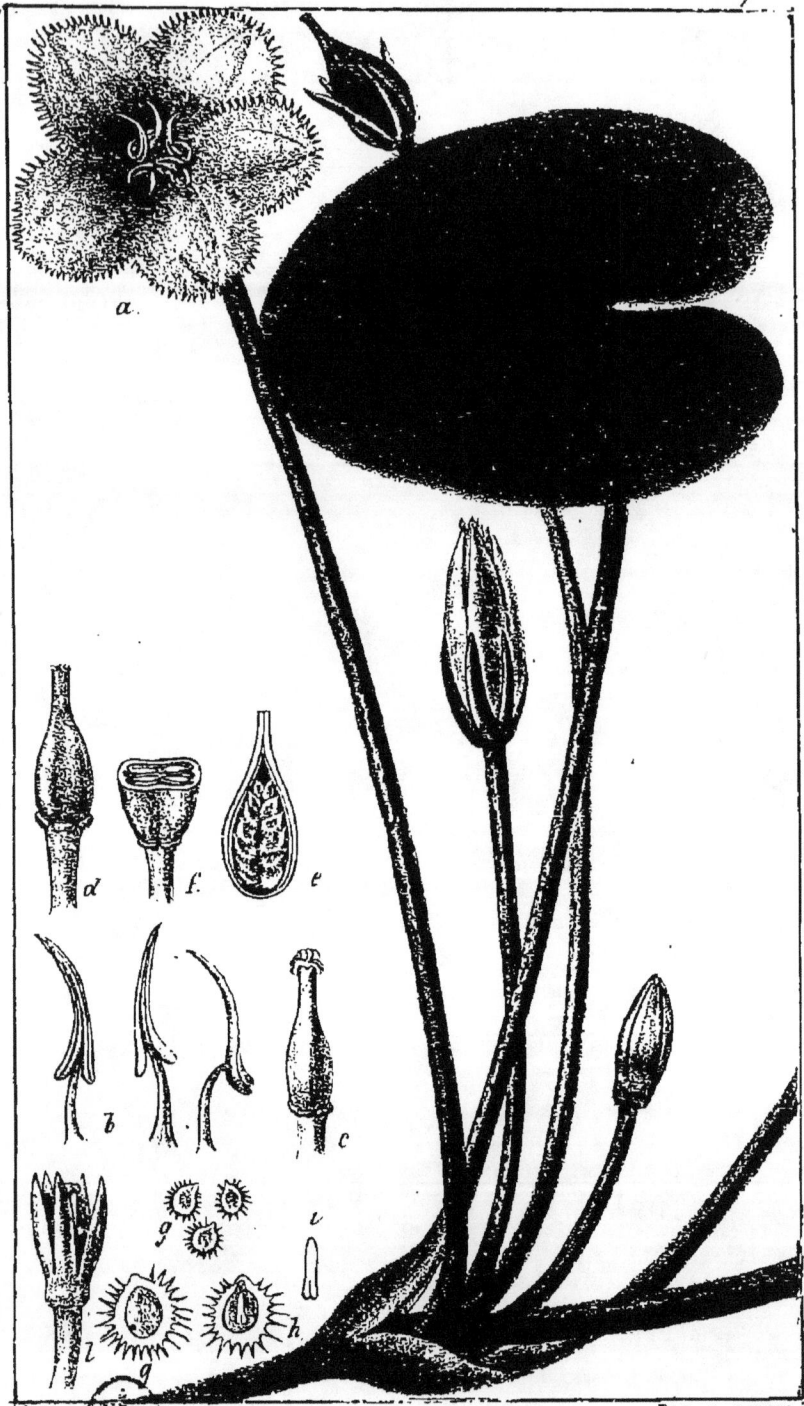

a. *d.* *f.* *e.* *b.* *c.* *g.* *i.* *l.* *h.* *g.*

Lith: de C. Motte.

A.P.

Villarsie faux Nénuphars

a. *d.* *b.* *c.*

Lith. de C. Motte

Asclepiade dompte-venin.

Rhododendron faux-ciste.

Lith. de C. Motte.

Lith de C Mtte

Bruyère cendrée.

7

D. Ovaire grossi avec le style.

E. Fruit coupé transversalement.

F. Semences séparées.

G. Une semence grossie.

H. La même coupée dans sa
longueur avec la vue de l'embryon.

PLANCHE LXXIX.

LXe FAMILLE.

LES CAMPANULACÉES.

PENTANDRIE MONOGYNIE.
Linn.

Campanule barbue.

Campanula barbata. Linn.

Pl. 79.

A.D.

Lith. de C.e M.lle

Campanule barbue.

Pl. 96.

A. P. del. *Litho de C. Motte.*

Dictame blanc ou Fraxinelle.

Silené à fleurs roses.

Lith. de C. Motte

Pl. 98.

Gouffeia fausse sabline.

A. R. del.   Lithog. de C. Motte.

Pl. 99.

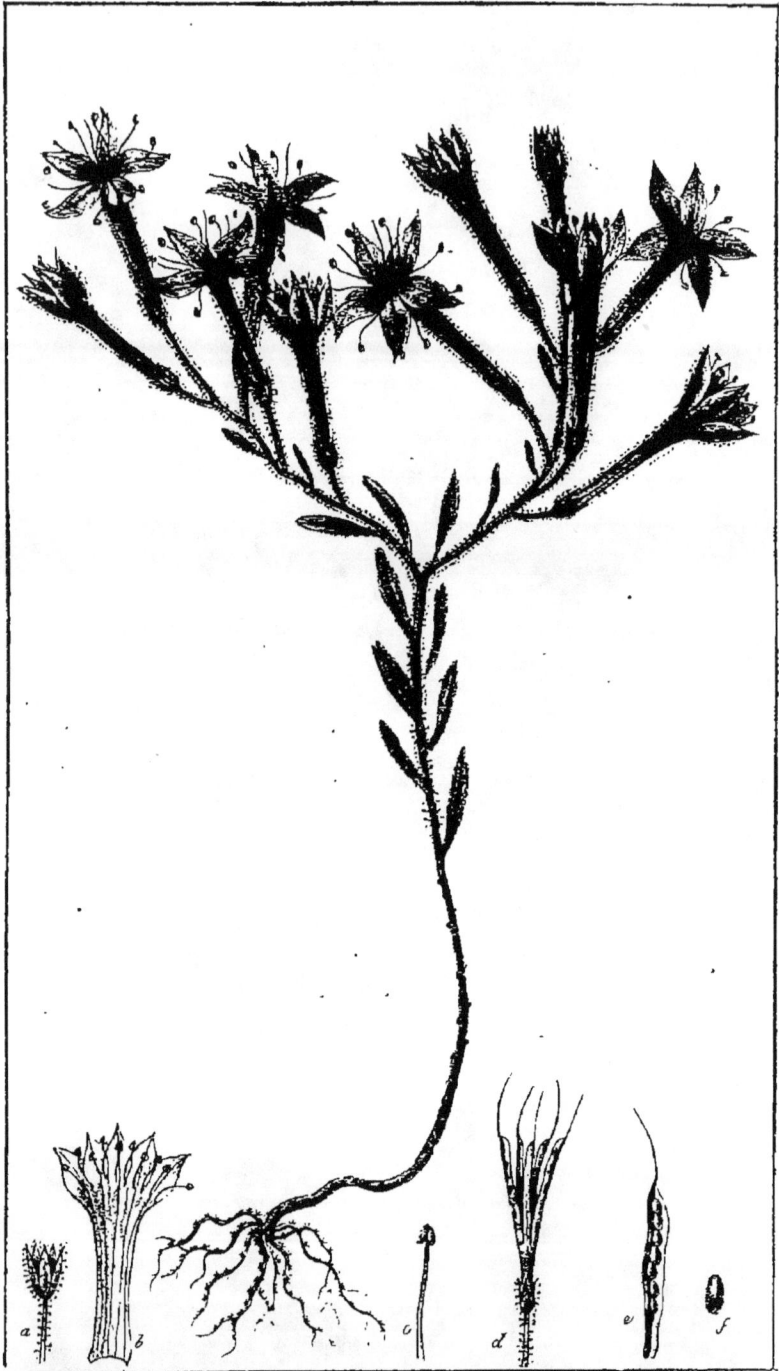

A.P del.

Litho de G.Molle

Cotyledon d'Espagne

Pl. 100.

A. P. del.

Lithog. de G. Molle.

1 Saxifrage étoilée 2 Saxifrage bryoïde 3 Saxifrage Androsace

Pl. 101.

A. P. del.

Lithog. de C. Motte.

Groseiller rouge.

Pl. 102.

Pourpier cultivé

A. P. del.

Litho de C. Motte.

Pl. 103.

Circée parisienne.

Pl. 104.

A.P. del.t   Litho. de C. Motte.

Épilobe à feuilles étroites.

Pl. 105.

Myrte commun.

Grenadier commun

Pl. 107.

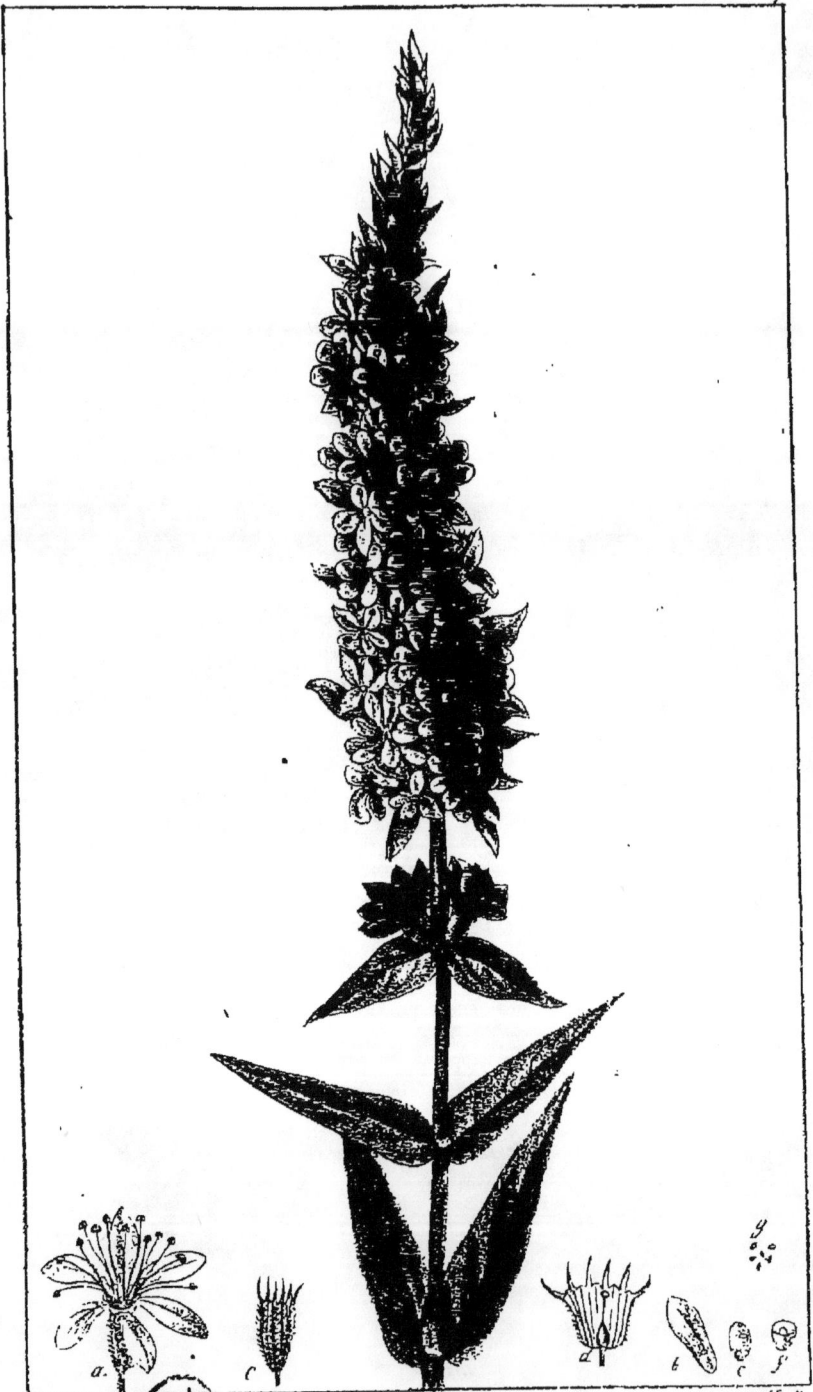

Salicaire commune.

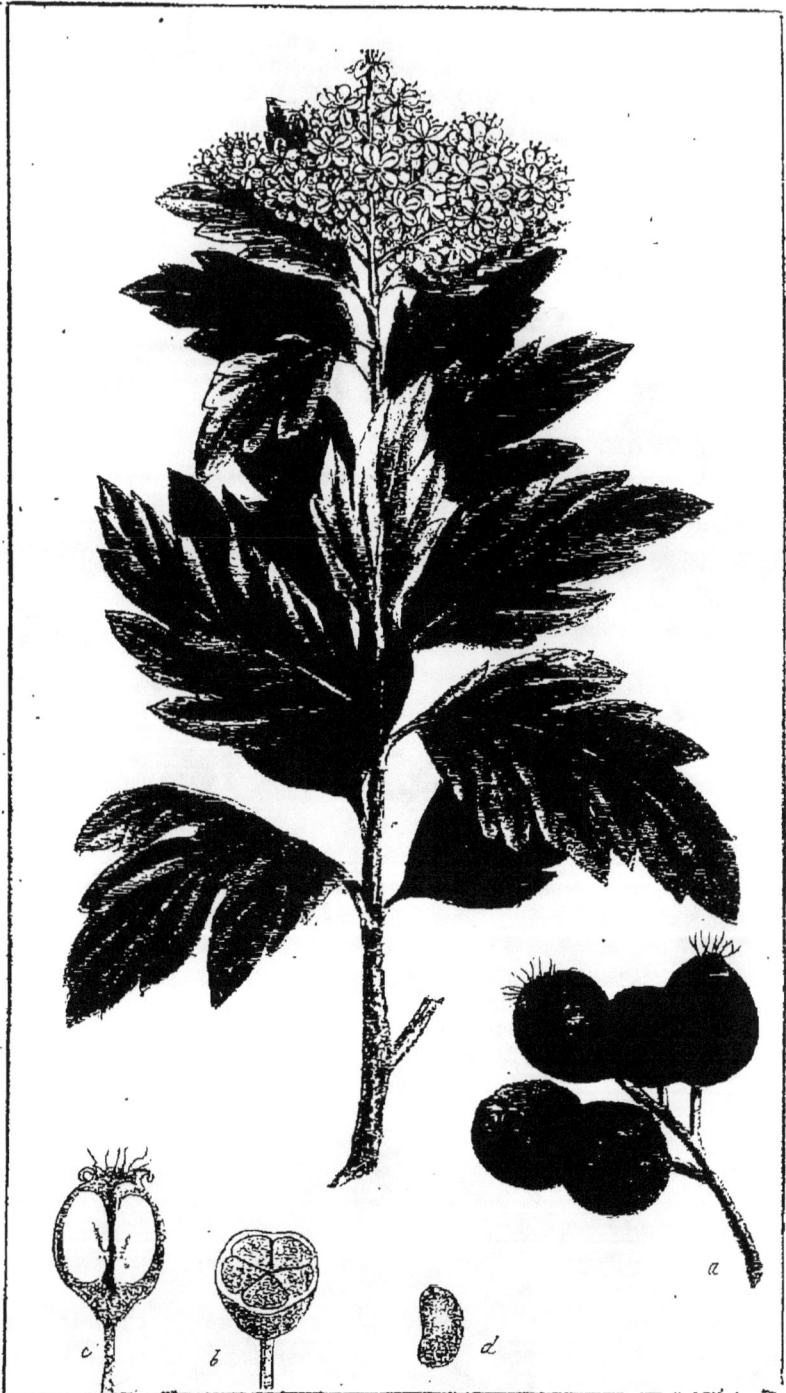

Neflier azerole

Pl. 109.

d   c   b   a

A. Riel   Lith. de C. Motte

Dryade à huit pétales

Pl. 110.

A.P. del.

Litho de C. Motte.

Comarum des marais

Pl. 111

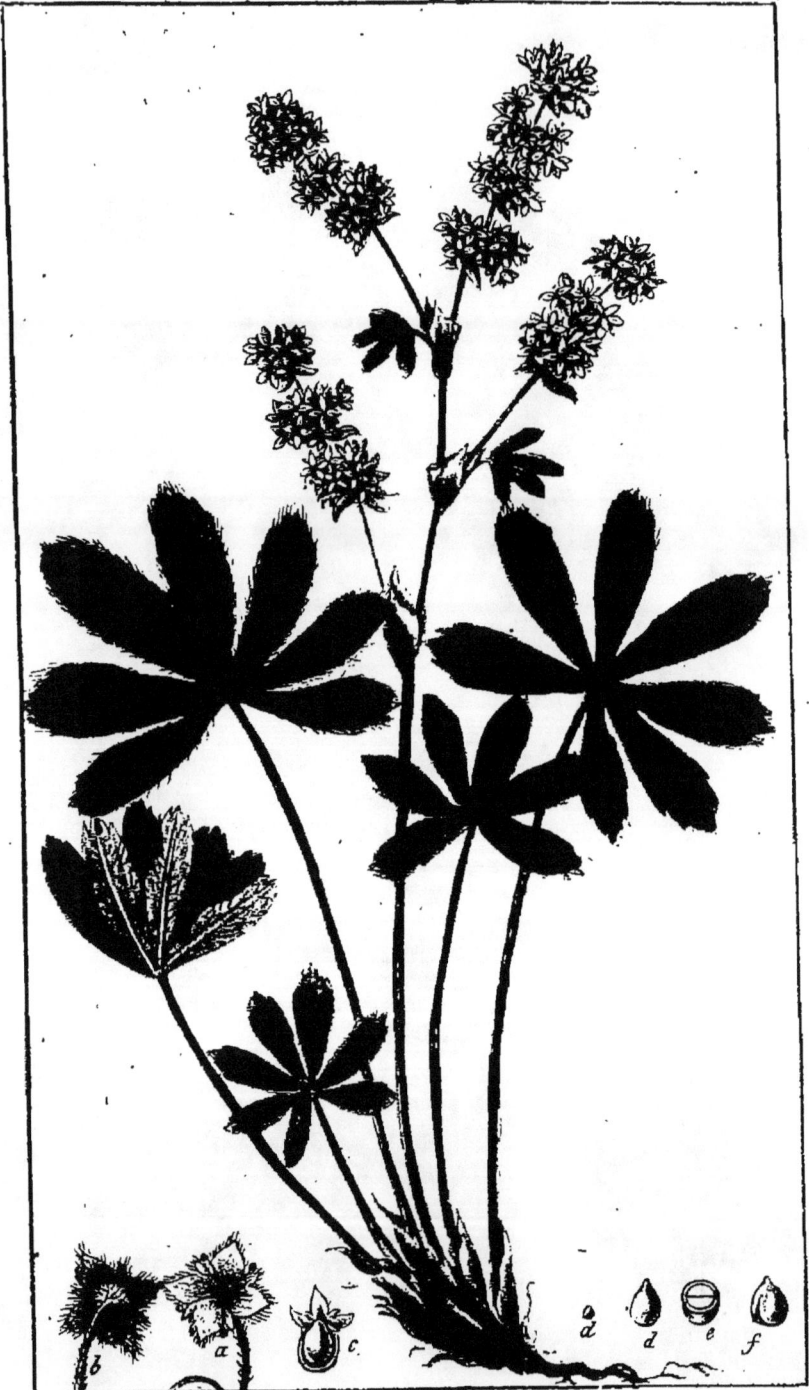

A.P del.

Litho. de C.Motte

Alchemilla des Alpes

Pl. 112

A.P. del.

Litho: de C. Motte

a *b* *d* *d* *c*

Potentille à grandes Fleurs.

A P del

Litho de C. Motte

Casse séné

Pl. 114.

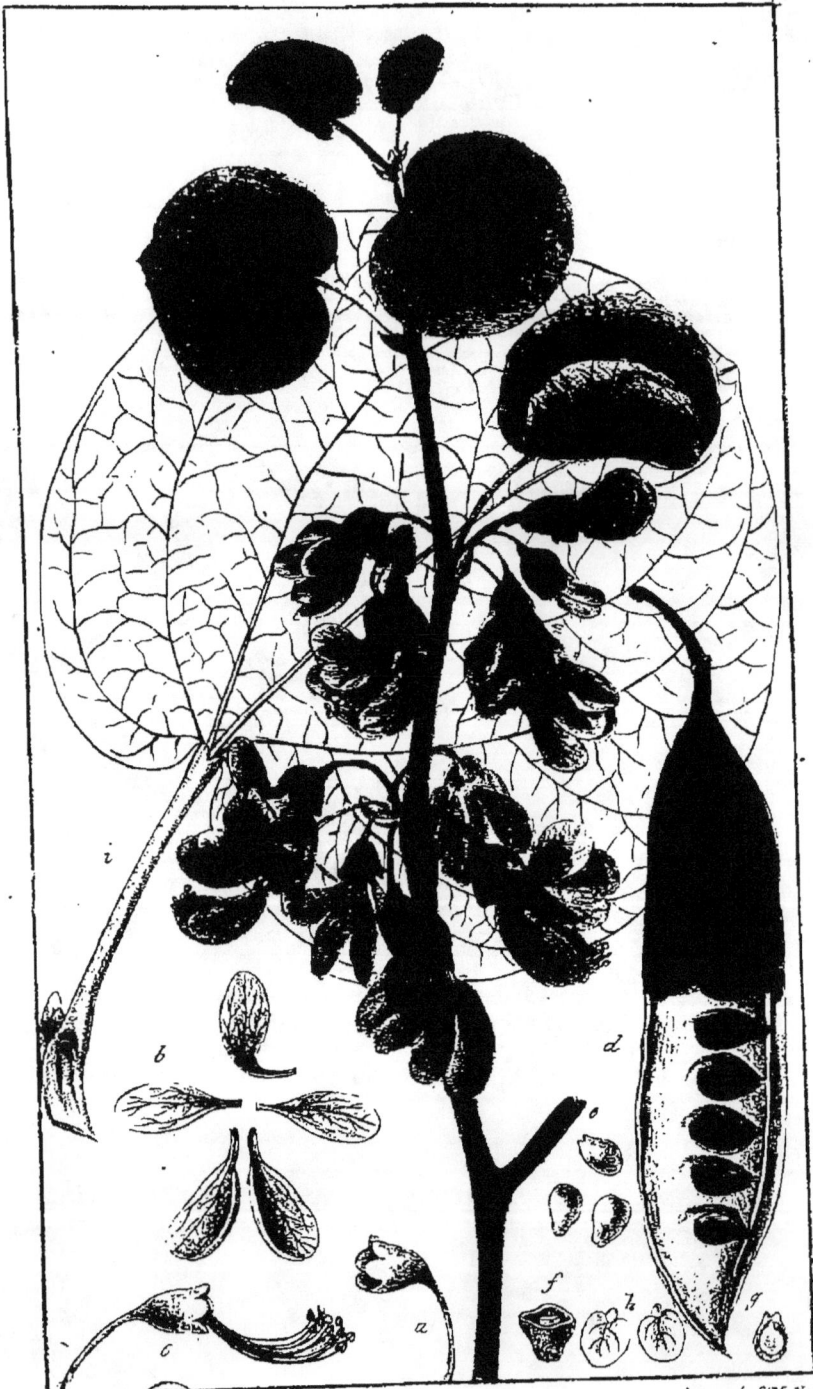

A.P. del.

B.R

Litho: de C.Motte.

Gainier, arbre de Judée.

Ononis lignosa

Pl. 116

A.P. del.

Lith. de C. Motte

Biserrula rateau

Pl. 117.

L.ho de l'Alot's

Galega officinal.

Pl. 118.

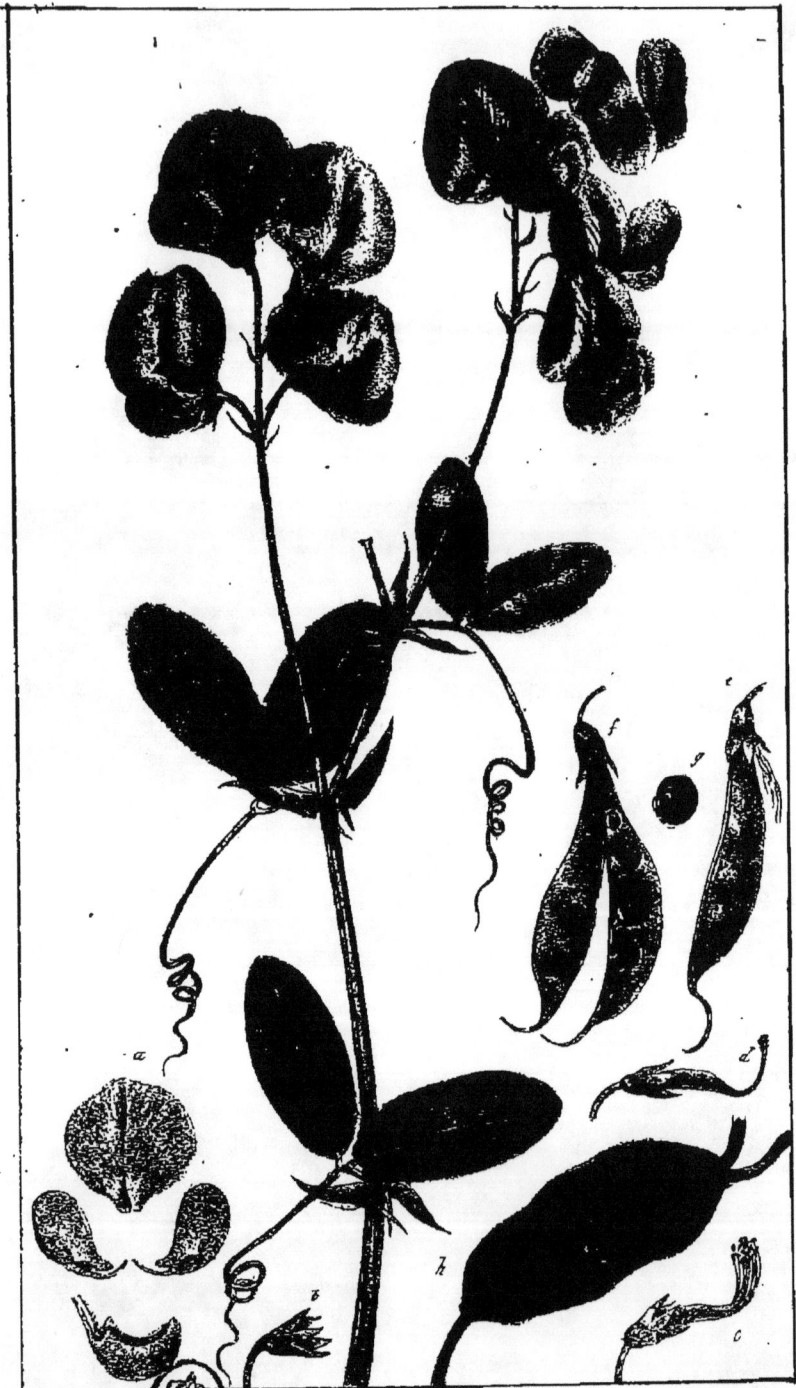

A Paël

Litho de C. Motte

Gesse tubereuse.

Pl. 119.

A.P. del

Litho de C Motte.

Pistachier cultivé

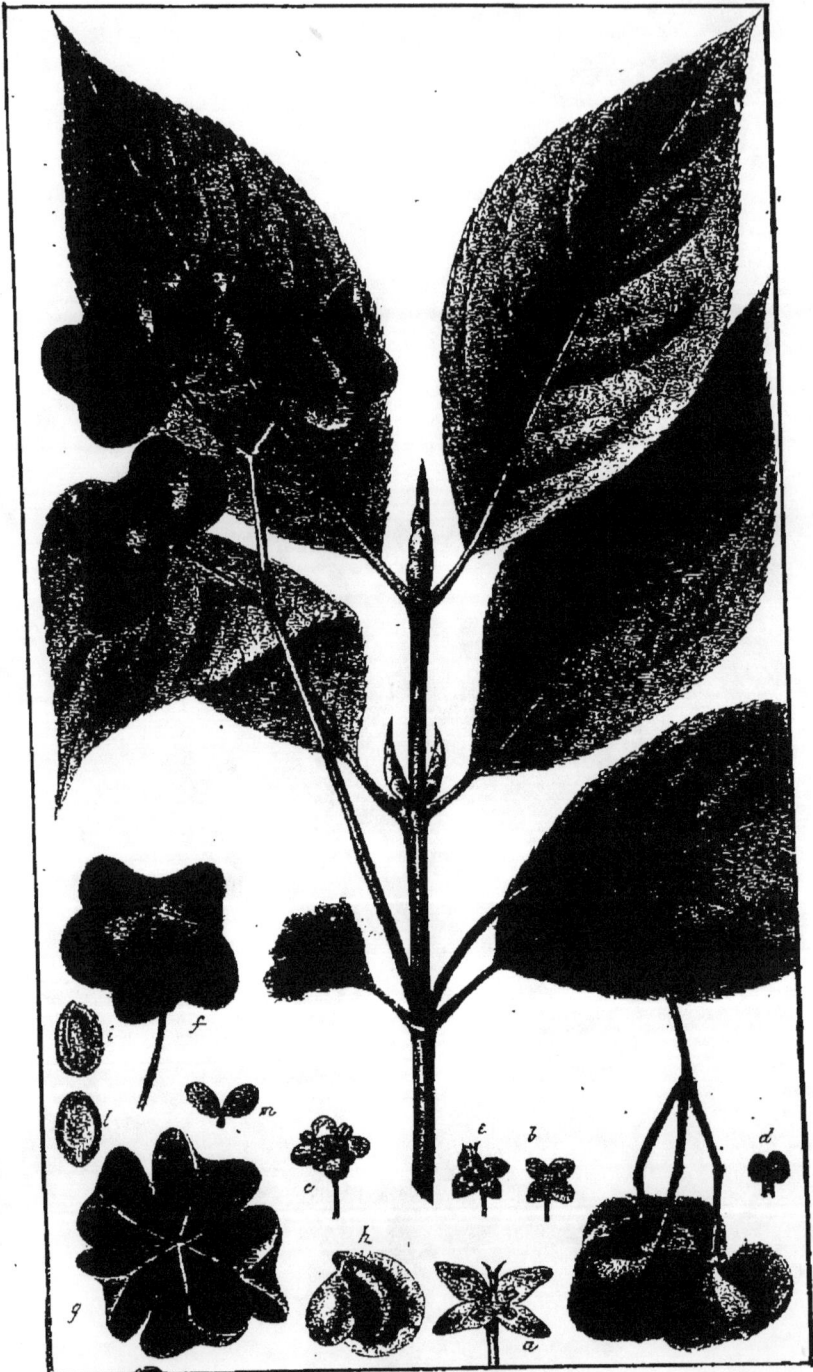

A.P. del.

Litho. de C. Motte.

B.R. Fusain à larges feuilles.

A.P. del.

Lithog. de C. Motte.

Euphorbe à deux ombelles

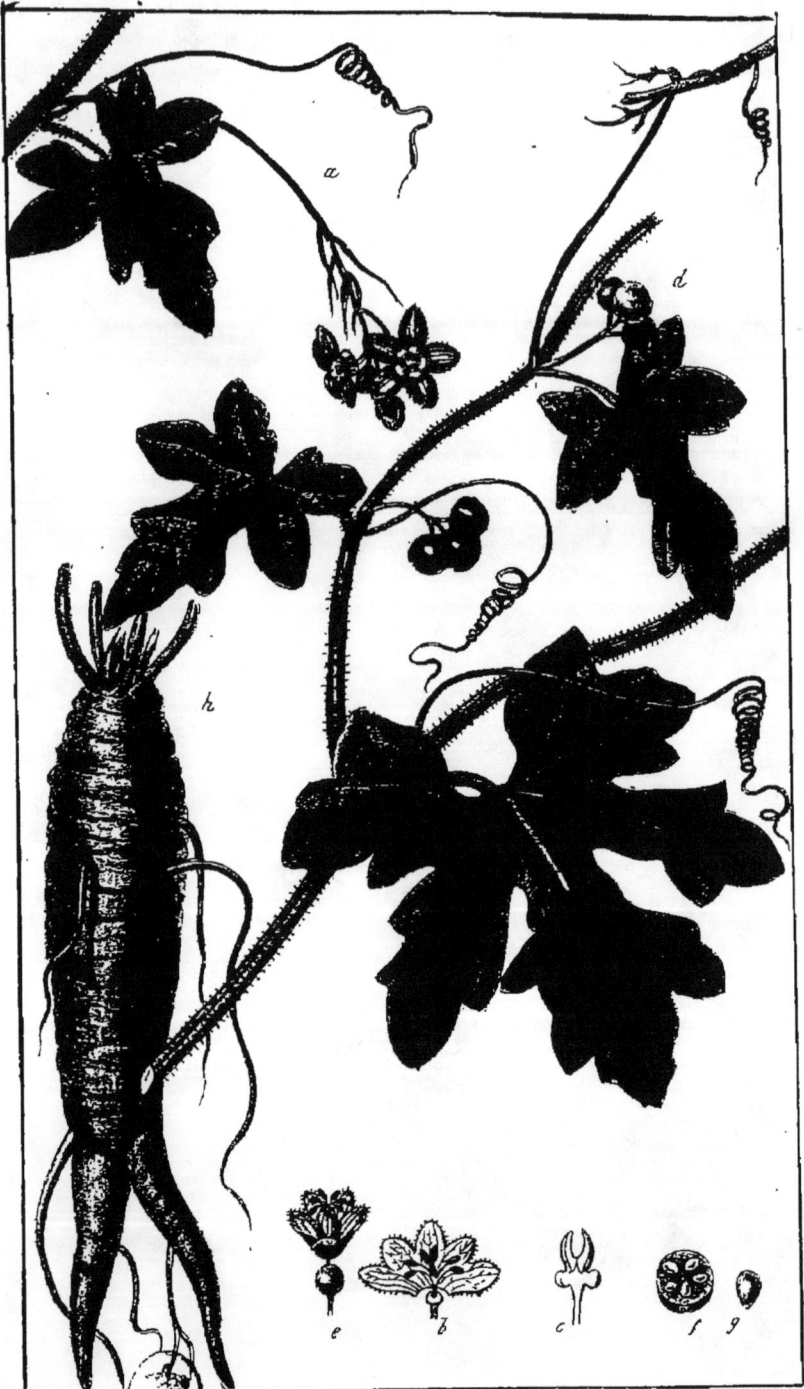

a *d* *h* *e* *b* *c* *f* *g*

A.P. del.   Litho. de C. Motte

Bryone Dioïque

Pl. 123.

Figuier domestique

Orme pédonculé.

Pl. 125

A. P.del

Litho de C. Motte

Saule blanc

Pin pinier

Pl. 127

Reseda phyteuma

2 aout 2

www.ingramcontent.com/pod-product-compliance
Lightning Source LLC
Chambersburg PA
CBHW060352200326
41519CB00011BA/2117